A INFLUÊNCIA VELADA DAS PROBABILIDADES
E DA ESTATÍSTICA EM TUDO QUE VOCÊ FAZ

O5 NÚM3RO5 GOV3RN4M 5U4 V1D4

OS NÚMEROS GOVERNAM SUA VIDA

KAISER FUNG

Tradução: Beth Honorato

www.dvseditora.com.br
São Paulo, 2011

OS NÚMEROS GOVERNAM SUA VIDA

DVS Editora 2011 – Todos os direitos para a língua portuguesa reservados pela editora.

NUMBERS RULE YOUR WORLD

McGraw-Hill Companies
Original edition copyright © 2010 by Kaiser Fung. All rights reserved.
Portuguese edition copyright © by 2011 DVS Editora Ltda. All rights reserved.

Nenhuma parte deste livro poderá ser reproduzida, armazenada em sistema de recuperação, ou transmitida por qualquer meio, seja na forma eletrônica, mecânica, fotocopiada, gravada ou qualquer outra, sem a autorização por escrito do autor.

Tradução: Beth Honorato
Diagramação: Konsept Design & Projetos

Dados Internacionais de Catalogação na Publicação (CIP)
(Câmara Brasileira do Livro, SP, Brasil)

Fung, Kaiser
    Os números governam sua vida : a influência velada das probabilidades e da estatística em tudo o que você faz / Kaiser Fung ; tradução Beth Honorato. -- São Paulo : DVS Editora, 2011.

    Título original: Numbers rule your world.
    ISBN 978-85-88329-59-1

    1. Estatística - Aspectos sociais
    2. Probabilidade - Aspectos sociais I. Título.

11-04925   CDD-519.5

Índices para catálogo sistemático:

1. Estatística : Aspectos sociais   519.5

À mamãe, papai, vovó e Evelyn.

Sumário

Agradecimentos   vii

Introdução   ix

1   Acesso rápido às atrações/acesso lento às vias expressas   1
    A consequente insatisfação de ser nivelado pela média

2   Espinafre embalado/Pontuações ruins   23
    A virtude de estar errado

3   Banco de itens de teste/Consórcio de compartilhamento de riscos   57
    O dilema de estar em um mesmo grupo

4   Examinadores intimidados/Laços mágicos   85
    A oscilação e influência do assimétrico

5   Acidentes aéreos/Boladas da sorte   121
    O poder do que é impossível

Conclusão   137

Notas   161

Índice   181

Agradecimentos

Gostaria de agradecer a Grace Freedson, Michele Paige, Micah Burch, Kate Johnson, Steven Tuntono, Beth McFadden, Talbot Katz e a meus editores, John Aherne e Joseph Berkowitz, pela orientação e assistência que me prestaram. As contribuições de minhas duas irmãs e de meu irmão, meus críticos mais sinceros, me foram valiosas.

Além disso, ao longo deste projeto, fui inspirado pelos fãs do meu *blog* Junk Charts, www.junkcharts.typepad.com.

Introdução

Não se trata de mais um livro sobre "mentiras cabeludas e estatísticas". Esse assunto, sempre em voga, já inspirou trabalhos brilhantes, como o de Darrell Huff, John Allen Paulos, Ed Tufte e Howard Wainer, dentre outros. Do político manipulador ao analista descuidado, do economista amador ao anunciante agressivo, temos infindáveis exemplos do que pode dar errado quando os números são mal utilizados. Escolha seletiva, supersimplificação e ofuscamento — já vimos tudo isso. Este livro toma uma direção diferente, uma postura otimista: estou interessado no que ocorre quando as coisas dão certo, isto é, no que ocorre quando os números **não** mentem.

Quanto mais sabemos, mais sabemos que não sabemos

O que podemos aprender com Bernie Madoff, o gerente de fundos fraudulento de Nova York que depauperou um grupo de clientes abastados ao longo de três décadas, até o momento em que se confessou em 2008? Ou com os executivos da Enron cuja contabilidade de fachada liquidou os fundos de aposentadoria de milhares de funcionários? Talvez seja necessário saber por que o calhamaço de dados financeiros, extratos impressos e arquivos oficiais deram poucas pistas aos investidores, auditores e agências regulatórias que se deixaram seduzir pela fraude.

O que podemos aprender com o fracasso do Vioxx, em que a Agência de Controle de Alimentos e Medicamentos (Food and Drug Administration — FDA) dos EUA reconheceu, cinco anos depois de aprovar seu lançamento, que esse medicamento havia provocado **dez mil ataques cardíacos**? Talvez seja necessário investigar por que a Merck, responsável pelo desenvolvimento do Vioxx, os médicos ou os pacientes negligenciaram os efeitos colaterais fatais desse medicamento, em face da ampla difusão de informações médicas e de saúde e da maior quantidade e sofisticação dos ensaios clínicos disponíveis.

Também devemos perguntar por que a maioria das pessoas, embora tenha acesso a uma torrente de informações sobre as ações e demonstrações contábeis das empresas, não ganha uma bolada no mercado acionário. Embora todas as embalagens de alimento e enlatados tragam informações nutricionais nos rótulos, a maioria das pessoas ainda não conseguiu a tão sonhada redução de peso. Não obstante o grande investimento em tecnologia da informação, os voos continuam atrasando e os congestionamentos de trânsito estão cada vez piores. Não obstante a detalhada documentação disponível sobre o comportamento de compra dos consumidores, várias empresas não fazem senão uma mínima ideia quando ligamos para sua central de atendimento. Ainda que não consigam deter o câncer em pacientes em ensaios clínicos de larga escala, as pílulas de betacaroteno e de vitamina continuam vendendo como água nas farmácias.

Esses exemplos nos revelam uma surpresa desagradável: a moderna obsessão pela quantificação não nos tornou mais sábios. Nunca antes coletamos, armazenamos, processamos e analisamos tantas informações — mas com que finalidade? A máxima de Aristóteles nunca foi tão pertinente quanto hoje: quanto mais sabemos, mais sabemos que não sabemos.

Histórias otimistas

Para começarmos a superar esses malogros, precisamos examinar exemplos otimistas de pessoas empreendedoras que estão utilizando sensatamente essas novas informações para tornar o mundo melhor. Nos próximos capítulos, você conhecerá os engenheiros que mantêm o fluxo de tráfego das vias expressas de Minnesota (EUA), os epidemiologistas, comumente chamados de **detetives da saúde**, que nos advertem contra alimentos que oferecem riscos à saúde, os atuários que calculam quanto os habitantes da Flórida devem pagar para proteger suas casas contra furacões, os educadores que lutam para que os testes padronizados, dentre eles o SAT,[1] se tornem imparciais, os técnicos de laboratório que examinam amostras de sangue de atletas de elite, os "mineradores" de dados que acreditam que são capazes de detectar nossas mentiras, as operadoras de loteria que enfrentam provas de fraude, os cientistas da Walt Disney que descobrem formas cada vez mais engenhosas de diminuir as filas, os matemáticos cujas

---

1 Scholastic Aptitude Test (Teste de Aptidão Escolar). (N. da T.)

ideias deflagraram a explosão do crédito ao consumidor e os pesquisadores que nos oferecem as melhores dicas sobre viagens aéreas.

Esses dez retratos apresentam homens e mulheres de valor cujo trabalho raras vezes é elogiado publicamente. O motivo desse descuido é que seus feitos não são invenções, que são cumuladas de prêmios e louvores, mas adaptações, aperfeiçoamentos e capacidade de vender perseverança. Sua área de especialidade é a ciência aplicada.

O raciocínio estatístico

Para mim, essas dez histórias desembocam em uma só: todos esses cientistas exemplares utilizam **o raciocínio estatístico, que é diferente do raciocínio comum**. Dispus essas histórias em cinco pares. Cada um deles lida com um princípio estatístico fundamental.

O que há de tão incomum no raciocínio estatístico?

Primeiro, os estatísticos não se importam muito com o conceito já difundido da média estatística; ao contrário, eles se concentram em todo e qualquer **desvio em relação à média**. Eles se preocupam com a amplitude dessas variações, a frequência com que elas ocorrem e o motivo por que existem. No Capítulo 1, os especialistas que analisam as filas de espera explicam por que devemos nos preocupar mais com a variabilidade do tempo de espera do que com sua média. Os engenheiros rodoviários de Minnesota nos relatam por que sua tática predileta para diminuir o congestionamento é uma tecnologia que força as pessoas que viajam diariamente para o trabalho a esperar mais, enquanto os engenheiros da Disney defendem a tese de que o mecanismo mais eficaz para reduzir os tempos de espera na verdade não diminui os tempos médios de espera.

Segundo, a variabilidade não precisa ser explicada por causas lógicas, não obstante nosso desejo natural por uma explicação racional a respeito de tudo; os estatísticos com frequência se contentam em examinar minuciosamente os padrões de correlação. No Capítulo 2, comparamos e contrastamos esses dois métodos de modelagem estatística. Para isso, seguimos a pista dos detetives de saúde que lutaram para encontrar a fonte de contaminação do espinafre (modelos causais) em um surto de *E. coli* nos EUA e abrimos à força a caixa-preta que gera as pontuações de crédito (modelos correlacionais). Surpreendentemente, esses profissionais admitem com franqueza que seus modelos estão "errados", no sentido de que não descrevem com perfeição o mundo ao nosso redor; examinaremos por que eles agem assim.

Terceiro, os estatísticos estão sempre atentos a nuanças imperceptíveis: aplicar uma média estatística a todos os grupos provavelmente pode ocultar diferenças marcantes entre esses grupos. Ignorar essas diferenças entre os grupos, quando elas estão evidentes, não raro prevê tratamentos imparciais. O método usual de classificação de grupos, como raça, gênero ou renda, normalmente é impreciso e inadequado. No Capítulo 3, avaliamos as consequências ambíguas no momento em que o setor de seguros ajusta os preços para refletir a diferença no grau de exposição a furacões entre imóveis situados no litoral e no interior, bem como o que ocorre quando os responsáveis pelo desenvolvimento de testes padronizados tentam eliminar a disparidade de desempenho entre estudantes negros e brancos.

Quarto, as decisões fundamentadas nas estatísticas podem ser ajustadas para atingir um equilíbrio entre dois tipos de erro. Como é de esperar, os tomadores de decisões são incentivados a se concentrar exclusivamente na minimização de qualquer erro que possa provocar humilhação pública, mas os estatísticos enfatizam que, em virtude desse desvio de previsão, suas decisões provocarão outros erros, que são imperceptíveis, mas graves. No Capítulo 4, usamos esse quadro para explicar por que as tecnologias automatizadas de análise de dados não conseguem identificar conspirações terroristas sem causar danos indiretos inaceitáveis e por que os laboratórios de exame de detecção de esteroides não conseguem identificar a maioria dos atletas fraudulentos.

Por último, os estatísticos seguem um protocolo específico, conhecido como teste estatístico, para identificar se a evidência condiz com o crime, por assim dizer. Diferentemente de algumas pessoas, eles não acreditam em milagres. Em outras palavras, se for necessário projetar a coincidência mais extraordinária para explicar o inexplicável, eles preferem deixar o crime sem solução. No Capítulo 5, examinamos como esse eficiente mecanismo foi utilizado para encobrir fraudes sistemáticas em uma loteria estadual canadense e para eliminar os mitos que estão por trás do medo de viajar de avião.

Esses cinco princípios são fundamentais para o raciocínio estatístico. Depois que você ler este livro, poderá também empregá-los para tomar decisões mais adequadas.

O campo de ação do cientista aplicado

Essas histórias assumem uma feição que condiz com minha própria experiência enquanto profissional de estatística empresarial. Elas revelam aspectos do trabalho do cientista aplicado significativamente distintos das características comuns aos cientistas puros ou teóricos.

Todos os exemplos envolvem decisões que afetam nossas vidas de uma maneira ou de outra, seja por meio de políticas públicas, estratégias empresariais ou opções pessoais. Embora o cientista puro esteja preocupado principalmente com **"o que é novo"**, o trabalho aplicado tem de lidar com o **"quanto"**, como em **"quanto os lucros poderiam crescer"** ou **"quantos votos poderiam ser obtidos"**. Além de parâmetros puramente técnicos, os cientistas aplicados têm metas sociais, como os engenheiros rodoviários de Minnesota; ou psicológicas, como os gestores de fila da Disney; ou financeiras, como as companhias de seguro contra furacões e os analistas de crédito.

A atividade da ciência pura é raramente limitada pelo tempo; citando um exemplo extremo, o matemático Andrew Wiles formulou meticulosamente a prova para o último teorema de Fermat no período de sete anos. O cientista aplicado, que deve se empenhar ao máximo em um espaço de tempo limitado, normalmente de semanas ou meses, não pode se dar a esse luxo. Fatores externos, até mesmo o ciclo de vida dos produtos agrícolas orgânicos ou o fluxo das inovações medicamentosas, podem impor restrições de tempo. Que utilidade teria descobrir a causa de um surto de *E. coli* depois que o surto já diminuiu? Qual é o sentido de desenvolver um teste para detecção de esteroides sintéticos depois que inúmeros atletas já obtiveram vantagem desleal por utilizá-los?

Uma das realizações mais distintas da ciência pura provém da escolha judiciosa de um conjunto de suposições simplificadoras; o cientista aplicado adapta esses resultados ao mundo real ao perceber e lidar com detalhes inconvenientes. Se você já leu os livros de Nassim Taleb, notará que a **curva de sino** é uma simplificação que exige um refinamento em determinadas situações. Outro exemplo, examinado no Capítulo 3, é analisar em conjunto grupos distintos de pessoas quando na verdade deveriam ser considerados separadamente.

Os cientistas aplicados bem-sucedidos acabam ganhando destreza na tomada de decisões: eles conhecem os principais influenciadores, sabem qual é a linha de raciocínio de cada um deles, conhecem suas motivações, prognosticam as possíveis fontes de conflito e, crucialmente importante, remodelam sua comunicação entrelaçada de lógica para instilar suas ideias nas pessoas que se sentem mais confortáveis com a intuição ou com a emoção do que com as evidências. Visto que compreender o contexto é extremamente valioso ao trabalho do cientista aplicado, apresento uma profusão de detalhes em todas as histórias.

Resumindo, os indicadores de sucesso da ciência aplicada são distintos dos indicadores usados na ciência teórica. Por exemplo, a Google, reconhecendo essas diferenças, utiliza sua famosa diretiva de tempo de "20%", que permite que seus engenheiros dividam a semana entre projetos de ciência pura e projetos selecionados e aplicados (com uma ênfase de 80% nesses últimos!).

Mais

E há algo suplementar para aqueles que desejam **mais**. A conclusão deste livro atende a um duplo propósito: **consolidação** e **ampliação**. Eu sintetizo o raciocínio estatístico, mas apresento a linguagem técnica pertinente caso você queira consultar um livro mais convencional. Para mostrar como esses princípios estatísticos são universais, revisito cada um dos conceitos com um novo olhar, utilizando uma história diferente daquela originalmente escolhida. Por fim, a seção **Notas** contém outras observações, bem como minhas fontes de referência prediletas. No meu *site*, na página relacionada a este livro, disponibilizo uma bibliografia abrangente (www.junkcharts.typepad.com).

Os números já dominam a sua vida. E você não deve ficar no escuro quanto a esse fato. Veja como alguns cientistas aplicados utilizam o raciocínio estatístico para melhorar nossa vida. Você ficará espantado com a possibilidade de empregar os números para tomar decisões comuns em sua vida.

Capítulo 1

Acesso rápido às atrações/acesso lento às vias expressas

A consequente insatisfação de ser nivelado pela média

>O grande mistério dos faróis
>Se ninguém os aprecia, por que obedecer?
>Por gentileza, um carro a cada farol verde
>— Haicai sobre o trajeto diário entre Mineápolis—St. Paul de um leitor do *blog* Roadguy

>Heimlich's Chew Chew Train
>Bom filme, grande publicidade, fila agradável
>Um passeio de 20 segundos
>— Haicai sobre a Disney, Anônimo

No início de 2008, James Fallows, há longa data correspondente da revista *The Atlantic*, publicou um artigo impressionante sobre o desenfreado déficit comercial dos EUA com a China. Fallows explicou que os chineses estavam sustentando o padrão de vida dos norte-americanos. Essa revista intelectual raramente havia criado tamanho alvoroço na Internet, mas esse artigo superou todas as expectativas, graças aos internautas que se desfizeram do título original utilizado por Fallow [*The US$ 1.4 Trillion Question* (*A Questão dos 1,4 Trilhão de Dólares*), atribuindo um novo título ao artigo: *Average American Owes Average Chinese US$ 4,000* (*O Americano Médio Deve 4.000 Dólares ao Chinês Médio*). Em três meses, os leitores da Internet recompensaram o artigo com mais de 1,6 mil *diggs* ou respostas positivas, uma maneira tecnologicamente moderna de elogiar. Evidentemente, o novo título começou a arder. Nosso cérebro não consegue processar bem números astronômicos como 1,4 trilhão de dólares, mas conseguimos processar com facilidade US$ 4.000 por pessoa. Em resumo, preferimos calcular a **média** dos números grandes.

A média estatística é a maior invenção que a aprovação popular já deixou escapar. Para tudo se tem uma média. Alguém, em algum lugar, já a calculou. Falamos sobre média em relação a pessoas ("fulano médio") e a animais ("um urso médio"). E isso ocorre também com coisas inanimadas — por exemplo, depois dos ataques terroristas de 11 de setembro de 2001, um comunicado de segurança demonstrou de que forma se poderia "utilizar um refrigerador de água médio como arma". Isso ocorre também nos procedimentos econômicos, como quando um analista de mercado, no início de 2008, anunciou uma "nova esperança: uma recessão média", prevendo, supostamente, que se tratava de uma recessão superficial que logo passaria. Até mesmo as atitudes não conseguem escapar disso: quando o advogado de Barack Obama interpôs-se em uma teleconferência de Clinton durante as acaloradas eleições democráticas primárias de 2008, a mídia se referiu ao evento dizendo que não se tratava de "uma teleconferência comum [mediana]".

É possível falar em média em relação ao que é raro? Pode apostar que **sim**. A revista *Forbes* assim informou: "O bilionário médio [em 2007] tem 62 anos de idade." Certamente — você deve estar pensando —, ninguém atribui média ao que não se pode contar. Espere, não tire conclusões precipitadas. A Agência do Censo dos EUA criou uma metodologia para calcular a média de tempo: em um "dia médio", em 2006, os habitantes dos EUA **dormiram 8,6 horas**, **trabalharam 3,8 horas** e **despenderam 5,1 horas** em atividades de lazer e esporte. É quase impossível encontrar alguma coisa para a qual não se tenha calculado a média. Essa ideia está tão difundida que a consideramos inerente, e não um conceito que foi assimilado, que precisou ser inventado.

Agora, imagine um mundo em que não existam médias. Imagine que a criança média, o urso médio e que tal e tal coisa média fossem eliminadas do nosso vocabulário. Saber que esse mundo um dia já existiu, antes de um estatístico belga, Adolphe Quételet, ter inventado o "homem médio" (*l'homme moyen*) em 1831, deixa qualquer um estupefato. Quem poderia imaginar: essa ideia trivial é mais nova do que a Constituição norte-americana!

Antes de Quételet, ninguém havia ponderado sobre a importância do raciocínio estatístico para as ciências sociais. Até essa época, a estatística e a probabilidade fascinavam apenas os astrônomos que tentavam decifrar os fenômenos celestes e os matemáticos que analisavam os jogos de azar. O próprio Quételet era um astrônomo eminente a princípio, diretor-fundador do Observatório de Bruxelas. Foi na meia-idade que ele decidiu perseguir seu ambicioso projeto de adotar técnicas científicas para examinar o meio social. Ele colocou o homem médio no centro da matéria que ele chamou de **"física social"**. Embora os verdadeiros métodos de análise utilizados por Quételet possam parecer pouco admiráveis aos olhos modernos, os historiadores, afinal, reconheceram seu impacto sobre os instrumentos de pesquisa da ciência social como algo nada menos que revolucionário. Particularmente sua investigação a respeito do que havia levado um exército competente a se alistar ganhou a admiração de Florence Nightingale (poucos sabem que essa célebre enfermeira foi uma estatística excelente que acabou se tornando membro honorífico da Associação Americana de Estatística em 1874). Nesse conjunto de obras também se encontra a origem do índice de massa corporal (IMC), às vezes chamado de índice de Quételet, ainda hoje utilizado pelos médicos para diagnosticar os distúrbios de excesso de peso e de peso inferior ao normal.

Visto que o conceito de homem médio enraizou-se com tamanha firmeza em nossa consciência, algumas vezes deixamos de reconhecer o quanto Quételet foi de fato revolucionário. O homem médio foi, com todas as letras, uma invenção, **pois nenhuma coisa média jamais existiu nem existe fisicamente**. Podemos descrever o homem médio, mas não podemos situá-lo. Sabemos da sua existência, mas nunca o conhecemos. Onde se encontra o "fulano médio"? Em qual "urso médio" Zé Colmeia consegue passar a perna? Que conferência telefônica é uma conferência "média"? Que dia é um dia "médio"?

Contudo, essa invenção monumental sempre nos deixa tentados a confundir o imaginário com o real. Portanto, quando Fallows calculou uma dívida média de US$ 4.000 por norte-americano para com a China, ele implicitamente colocou todos os norte-americanos em pé de igualdade, substituindo cerca de 300 milhões de indivíduos por 300 milhões de clones do fulano médio imaginário. (Por acaso, os internautas criaram por engano apenas 300 milhões de clones chineses, exterminando retoricamente três quartos da população de 1,3 bilhão de habitantes da China. A matemática correta teria encontrado um empréstimo de US$ 1.000 por chinês médio aos EUA.) O cálculo da média elimina a diversidade, reduzindo tudo a seus termos mais simples. Ao fazê-lo, corremos o risco de supersimplificar, de esquecermos as variações que ocorrem ao redor da média.

Chamar a atenção para essas variações, e não para a média, é um evidente sinal de maturidade no raciocínio estatístico. É possível, em verdade, **definir** a estatística como o **estudo da natureza da variabilidade**. O quanto as coisas mudam? Qual é a magnitude dessas variações? O que as provoca? Quételet foi um dos primeiros a perseguir essas questões. O homem médio de Quételet não era um indivíduo, mas muitos; sua meta era contrastar diferentes tipos de indivíduo. Para ele, calcular a média era um meio de mensurar a diversidade; nunca se pretendeu que o cálculo da média fosse um fim em si mesmo. O IMC (índice de Quételet), só para completar, serve para identificar indivíduos que **não** são a média. Por esse motivo, é necessário primeiro determinar o que é a média.

Até os dias de hoje, os estatísticos seguiram a direção de Quételet. Neste capítulo, examinaremos de que forma alguns deles utilizam o raciocínio estatístico para combater duas grandes inconveniências próprias do estilo de vida moderno: os trajetos de uma hora para ir e voltar do trabalho e o tempo de espera de uma hora para curtir uma atração em um parque temático. Uma pessoa sensata, quando presa em um congestionamento ou inerte em uma fila comprida, admitirá que o responsável pelo planejamento só pode ter dormido no ponto. Para examinar o porquê dessa reação de pôr a culpa no lugar errado, precisamos conhecer um pouco a estatística das médias. Em seu trabalho com engenheiros e psicólogos, os estatísticos aplicam esse conhecimento para nos poupar dos tempos de espera.

~###~

Chamar os doutores Edward Waller e Yvette Bendeck de fanáticos pela Walt Disney World seria um eufemismo. Em 20 de outubro de 2007, eles passaram por todas as atrações recentes do Reino Mágico (Magic Kingdom) em apenas 13 horas. Isso significava, ao todo, 50 atrações, espetáculos, desfiles e apresentações ao vivo. Buzz Lightyear's Space Ranger Spin, Barnstormer at Goofy's Wiseacre Farm, Beauty and the Beast — Live on Stage, Splash Mountain, Mad Tea Party, Many Adventures of Winnie the Pooh e muitas outras —, tudo no parque! Uma atividade agradável, se você conseguir fazer tudo isso, não é mesmo? Os fãs do Disney World sabem que essa é uma missão impossível; eles se sentem sortudos quando conseguem visitar quatro grandes atrações em um dia movimentado, sem falar da caminhada ininterrupta necessária para percorrer as centenas de acres de área do parque. Waller e Bendeck foram beneficiados por Len Testa, criador do Ultimate Magic Kingdom Touring Plan. A programação de Testa indica as direções precisas para chegar a todas as atrações no **menor tempo possível**. Mas ele adverte os novatos ingênuos de que isso "sacrifica quase totalmente seu bem-estar pessoal".

Len Testa é um programador de computação de trinta e poucos anos de Greensboro, Carolina do Norte. Na qualidade de santo padroeiro dos visitantes insatisfeitos dos parques temáticos da Disney, ele lhes deu de presente esses roteiros de visitação (*touring plans*), que prescrevem as rotas que conduzirão os frequentadores em uma sequência de atrações no menor tempo possível. Embora o Ultimate Plan seja o mais visado, Testa cria programações para todas as necessidades: crianças pequenas, famílias, gêmeos, pessoas mais velhas ainda ativas, avós com crianças pequenas e assim por diante. Ele está procurando atender principalmente aos fãs enfurecidos da Disney, os que são os clientes mais leais — e provavelmente os mais exigentes. Se pegarmos uma amostra de seus relatos de viagem, normalmente de tirar o fôlego, que são postados em *sites* de fãs ou transmitidos a jornalistas, em geral podemos encontrar reclamações afetuosas como estas:

"Ir à Disneylândia nos meses de verão é como ir às Bahamas no período dos furacões. Você simplesmente está pedindo para ter problemas."

"Você só se sente parte do mundo quando entra em debandada na Space Mountain no momento em que eles baixam as cordas, ao lado de milhares de mães que passam o dia transportando os filhos de lá pra cá o dia inteiro."

"Quando os portões se abrem às 8h, num só golpe, os vacilantes e letárgicos ficam para trás comendo poeira."

"A sensação é de que passamos mais tempo nas filas do que nas atrações — para dizer a verdade, passamos! Quando ficamos 90 minutos aguardando na fila para curtir uma atração que só dura 5 minutos, precisamos questionar nossa sanidade!"

"De fato nunca perdoei meu irmão por ter nos feito esperar para uma ida fora de hora ao banheiro no Epcot Center cinco anos atrás."

Esses frequentadores de parque de diversão não estão nem um pouco sozinhos nesse sentido. As próprias pesquisas de opinião da Walt Disney à saída do parque revelam que as filas longas são a **principal fonte de insatisfação dos clientes**. Veteranos do setor dizem que o visitante médio desperdiça nas filas de três a quatro horas durante uma visita de oito a nove horas; isso significa um minuto de inatividade a cada dois ou três minutos dentro do parque! Segundo estimativas da *Amusement Business*, a média nacional de tempo de espera nas principais atrações em um parque temático durante o verão foi de 60 minutos — para depois aproveitar apenas dois minutos na atração. Visto que uma família de quatro pessoas chega a gastar US$ 1.000 ou mais em uma única viagem, não é de surpreender que alguns visitantes fiquem irritados com as filas que parecem não ter fim.

Nesses relatos de viagem é possível ver imagens vívidas de manobras heroicas para evitar as filas. É necessário ter uma atitude à altura:

"Quando vou a um parque, assumo a postura de um pai que sai para uma missão [...]. Ao longo da tarde, vou de um lado a outro do parque e consigo curtir mais atrações, esperar menos nas filas e assistir a mais espetáculos e desfiles do que outros frequentadores, com ou sem filho."

Mas isso exige também pequenos sacrifícios...

"Conseguimos evitar as filas longas chegando bem cedo nas manhãs em que o parque abre mais cedo e visitando as atrações mais visadas durante os desfiles, nos horários de refeição e bem tarde da noite."

...e conhecer as regras do jogo para levar vantagem...

"Uma mãe que estava atrás de mim na fila me disse que em sua última ida ao parque haviam esperado três horas para curtir o Dumbo. [Daquela vez], ela aproveitou a possibilidade de entrar mais cedo para que seu filho pudesse curtir a atração três vezes seguidas sem ter de esperar."

...e professores persuasivos para conseguir permissões especiais...

"Tirar os filhos da escola [para ir à Disney]. Vale a pena? Claro que sim!"

...e reconhecer as oportunidades que os outros dão...

"Chove muito na Flórida, especialmente nas tardes de verão. O bom é que isso tende a espantar algumas pessoas. Meu conselho: compre uma daquelas capas de chuva amarelas por 5 dólares cada em qualquer loja de suvenires. E não deixe que as crianças parem de caminhar."

...mas sempre adaptando as táticas:

"Estamos começando a acreditar que a psicologia-reversa pode funcionar: a Disney abre um determinado parque mais cedo aos seus visitantes para que todos o visitem... [Todas as demais pessoas o evitam.] Portanto, podemos ir a esse parque porque as pessoas acham que ele estará lotado e, portanto, fogem dele."

As filas existem quando a demanda excede a capacidade. A maioria das grandes atrações consegue acomodar de 1.000 a 2.000 visitantes por hora; as filas se formam quando a taxa de clientes que estão chegando supera essa capacidade. Se a Disney previsse precisamente a demanda, será que não poderia aumentar a capacidade de maneira adequada? As filas longas são provocadas por projetos negligentes? Surpreendentemente, a resposta a essas duas perguntas é **não**. O verdadeiro culpado não é a inadequação do projeto, mas a **variabilidade**. A Disney constrói todos os parques temáticos para atender a um **"dia padrão"**, normalmente com um nível máximo de demanda no percentil 90, o que significa, em teoria, que o parque deve ter capacidade remanescente (ou adequada) durante nove dias em um período de dez dias. Na realidade, os clientes reclamam das filas longas praticamente em qualquer dia do ano.

Pior ainda, os estatísticos têm certeza de que as filas continuariam mesmo se a Disney tivesse se projetado para o dia mais movimentado do ano. Para compreender esse exemplo **anti-intuitivo**, devemos perceber que a demanda do dia mais movimentado simplesmente revela a frequência média do parque, e esse número ignora a distribuição desigual de clientes, digamos, de uma atração para outra ou de uma hora para outra. Mesmo se a Disney previsse corretamente o número total de clientes do Dumbo no dia de pico (o que, por si só, teria sido uma tarefa difícil), inevitavelmente apareceria uma fila de repente porque os clientes chegariam de forma irregular ao longo do dia, embora a capacidade do Dumbo não mude. Segundo os estatísticos, é o **padrão variável do momento em que os visitantes chegam**, não o número médio de visitas, que produz as filas em quase todos os dias de pico. O planejamento de capacidade pode lidar com uma demanda grande e fixa, mas não com uma demanda instável. (Para que garantir que não haverá filas, o parque temático precisa ter uma capacidade extremamente desproporcional à demanda, o que com certeza provocaria um enorme tempo ocioso e seria economicamente inviável.)

Os engenheiros que descobriram esses segredos são aclamados como heróis pelos fãs de carteirinha da Disney. Eles trabalham na divisão Imagineering, que funciona em um prédio sem nenhum atrativo em Glendale, Califórnia, perto de Los Angeles. Além disso, eles criam novas atrações e gerenciam não apenas o fator emocional, mas também o operacional. No âmbito das filas de espera, os cientistas recorrem em grande medida a simulações computacionais, visto que os cálculos matemáticos das filas são extremamente complexos e com frequência não podem ser reduzidos a fórmulas brilhantes. Imagine essas simulações como uma análise de cenário (**e se**...) turbinada, executada por um parque de computadores. Milhares ou talvez milhões de cenários são investigados, cobrindo possíveis padrões de chegada e de movimentação subsequente dos visitantes pelo parque. O resumo desses cenários gera páginas e páginas de estatísticas, como a probabilidade de o Dumbo atingir 95% de sua capacidade em um dia qualquer. Esse método criativo de lidar com problemas matemáticos incontroláveis foi inventado pela equipe do projeto Manhattan quando da construção da bomba atômica e fundamenta também as estatísticas do *Moneyball*, apresentado por Michael Lewis em seu relato sobre como o Oakland Athletics sobrepujou os melhores times de beisebol com orçamentos bem gordos.

~###~

Será que você já não sabia disso? Essa mesma história se repete nas vias expressas: a sina das pessoas que viajam diariamente para trabalhar não é tanto um tempo médio longo de percurso, mas um tempo de percurso variável. Em 2006, o tempo gasto pelo trabalhador norte-americano no percurso de casa para o trabalhado foi 25,5 minutos. Além disso, outros dez milhões de pessoas tiveram de enfrentar percursos de mais de uma hora para trabalhar. No total, os atrasos no trânsito geram um custo anual de 63 bilhões de dólares e um consumo de combustível de 8,7 bilhões de litros. Mas esses números assustadores não conseguem acertar o alvo. Basta perguntar aos inúmeros leitores que enviaram reclamações ao *Minneapolis Star Tribune*. As pessoas que realmente sofrem todos os dias com os atrasos provocados por um longo tempo de percurso de casa para o trabalho, de duas uma, ou tentam se esquivar...

> *"Optei por morar em Mineápolis por questões relacionadas ao transporte: ótimo acesso ao sistema de transporte público e aos transportes de ida e volta ao trabalho [...]. Se as pessoas preferem morar em Eden Prairie [cidade fronteiriça a sudoeste de Mineápolis], não sinto tanta compaixão por elas quando reclamam de problemas de trânsito."*

...ou ficam em paz com o que é incontornável:

> *"Todos os dias, independentemente da intensidade de tráfego, o trânsito fica mais lento por causa da McKnight [rodovia perto de Maplewood, na I-94] [...]. Houve ocasiões em que paramos para tomar uma Coca em algum lugar porque era simplesmente deprimente ficar ali parado na via expressa."*

As pessoas que viajam para trabalhar sabem o que as espera e preparam-se para a situação.

Se o tempo médio de percurso não é a fonte de aborrecimentos, o que é então? Julie Cross, outra leitora do *Star Tribune*, expressa bem isso:

"Pegar a rota mais rápida do Apple Valley para ir trabalhar de manhã é um risco que corro todos os dias. Devo tentar a Cedar Avenue, na esperança de encontrar o trânsito livre para chegar a Eagan em cinco minutos para trabalhar? Ou será que o trânsito da Cedar está muito lento e seria melhor apostar no meu percurso de 10 minutos na Interstate Highway 35E, que é confiável?"

Preste atenção à palavra **confiável**, empregada por Cross. Ela conhecia bem o tempo médio que levava para chegar ao trabalho; o que a preocupava era a maior variabilidade e, portanto, a falibilidade da opção de pegar a Cedar Avenue. A rota pela via expressa exigia dez minutos, onde não havia praticamente nenhuma variação diária. Entretanto, se a opção pela Cedar Avenue exigisse infalivelmente cinco minutos, Julie nunca pensaria em pegar a I-35E. Se, ao contrário, o trecho da Cedar Avenue exigisse infalivelmente quinze minutos, Julie sempre pegaria a I-35E. O único motivo que levava Julie Cross a se arriscar todas as manhãs era a possibilidade de o percurso pela Cedar Avenue tomar menos tempo, embora soubesse que em média exigia mais tempo. Em geral, se apenas uma dentre duas rotas apresentam tempos de percurso variáveis, então a aposta já está feita. (Consulte a Tabela 1.1.)

É tentador pensar que um planejamento apropriado combaterá qualquer variabilidade no tempo de percurso. Mas tal como o problema de demanda instável da Disney, essa fera se mostra difícil de matar. Jim Foti, que escreve a coluna Roadguy no *Star Tribune*, aprendeu uma lição por experiência própria:

Tabela 1.1 Problema de Julie Cross para chegar ao trabalho de manhã: impacto dos tempos de percurso variáveis

Nenhuma incerteza			Variabilidade diária		
Tempo de percurso na Cedar Avenue	Tempo de percurso na I-35E	*Decisão de Julie*	Tempo de percurso na Cedar Avenue	Tempo de percurso na I-35E	*Decisão de Julie*
5 minutos todos os dias	10 minutos todos os dias	➡ Cedar Avenue	10 minutos em média (5-15 minutos)	10 minutos todos os dias	➡ Aposta
15 minutos todos os dias	5 minutos todos os dias	➡ I-35E	10 minutos todos os dias	10 minutos em média (5-15 minutos)	➡ Aposta
			10 minutos em média (5-15 minutos)	10 minutos em média (5-15 minutos)	➡ Aposta

"Na semana passada, quando Roadguy ganhou um bico em um programa de rádio, precisava ir a Eden Prairie à tarde, exatamente na hora do rush. Marcado pela lembrança dos costumeiros engarrafamentos à saída da Highway 212, por precaução saiu bem antes. Mas o percurso, em torno das 17h, revelou-se tão agradável e descontraído quanto um desenho animado computadorizado, e Roadguy chegou ao seu destino aproximadamente 20 minutos antes."

Os motoristas se veem em uma situação incontornável: chegar 20 minutos mais cedo pode acabar resultando em perda de tempo e até mesmo levá-los a bater com a cara na porta, ao passo que chegar 20 minutos mais tarde pode mexer com a paciência das outras pessoas e fazê-las perder tempo e, algumas vezes, pode significar desperdício de oportunidade. Esse duplo azar está acima de qualquer tempo suplementar que se possa reservar para evitar os congestionamentos. Mais uma vez, a culpa é da variabilidade. Na realidade, um percurso que exige 15 minutos em média pode ser de 10 minutos em dias tranquilos, mas tomar 30 minutos nos dias em que um acidente de trânsito desvia a atenção dos motoristas curiosos. Se Jim saísse 15 minutos antes, chegaria muito cedo na maioria das vezes e muito tarde algumas vezes. Raras vezes completaria o percurso em exatamente 15 minutos. Em resumo, as condições variáveis do trânsito atrapalham nosso plano, por melhor que ele seja, e isso provavelmente nos contraria mais do que o tempo médio do percurso.

~####~

Após décadas de combate aos níveis médios de congestionamento, os engenheiros de tráfego dos departamentos estaduais de transporte mudaram sua opinião sobre o problema premente da variabilidade dos tempos de percurso. **O que provoca tal variabilidade?** Segundo estimativas da Cambridge Systematics, influente empresa de consultoria em transportes, os engarrafamentos — por exemplo, quando três pistas desembocam em duas e em cruzamentos mal projetados — respondem por apenas 40% dos atrasos provocados por congestionamento nos EUA. Os outros 40% devem-se a acidentes e mau tempo. Os pontos de estrangulamento nas vias expressas restringem a capacidade e causam atrasos médios previsíveis, enquanto os acidentes de trânsito e incidentes decorrentes de mau tempo provocam uma variabilidade em torno da média. Eles podem gerar engarrafamentos fora do normal, como este...

Um caminhão transportando aproximadamente 20,5 toneladas de sementes de girassol tombou em torno das 5h45 min e obstruiu por mais de duas horas e meia as duas pistas da esquerda da via expressa. Os motoristas enfrentaram atrasos de 30 a 45 minutos para ultrapassar o local do acidente.

...e este:

Na segunda-feira, o acúmulo de flocos de neve foi suficiente para congestionar o trânsito nas vias expressas [...]. Das 5h até um pouco depois das 17h, foram relatados 110 acidentes e 20 capotagens nas estradas de Minnesota [...]. Um funcionário do departamento estadual de transporte tinha apenas duas palavras para dizer aos motoristas: **vão devagar***!*

Tendo em vista a imprevisibilidade de fenômenos como esse, o congestionamento das vias expressas é inevitável, e os atrasos em alguns dias ficam consideravelmente acima da média. Como seria de esperar, construir mais estradas não é o remédio: uma capacidade suplementar pode acabar com os congestionamentos, pelo menos a curto prazo, mas não influi de maneira direta na confiabilidade. Pior do que isso, vários especialistas em transporte, dentre os quais se inclui o economista Anthony Downs, advertem que não é possível encontrar uma saída para o congestionamento. Em seu livro *Still Stuck in Traffic* [*Presos no Trânsito*], Downs defende de maneira exemplar seu princípio da tripla convergência, postulando que tão logo se construa nova capacidade, os usuários que viajam diariamente para o trabalho mudarão seu comportamento de três formas distintas para esgotar qualquer benefício planejado: aqueles que anteriormente utilizavam as vias locais decidem voltar para as vias expressas, aqueles que anteriormente haviam alterado os tempos de percurso decidem voltar atrás e aqueles que anteriormente haviam decidido utilizar o transporte público voltam a usar o carro. Portanto, um novo raciocínio é essencial.

O departamento de Transportes de Minnesota (Minnesota Department of Transportation — Mn/DOT) foi o patrocinador de uma técnica avançada denominada "controle de acesso" (*ramp metering*). Os controladores de acesso são faróis de trânsito instalados nas entradas das vias expressas para regular a afluência de trânsito. "Um carro a cada farol verde" é um mantra que todo o mundo ouve. Os detectores medem o fluxo de trânsito na via expressa; quando o fluxo fica acima de 3.900 veículos por hora, a via expressa é considerada **"cheia"**, e os faróis são ligados para segurar os carros na pista que dá acesso à via expressa. Outro detector avalia o engarrafamento nas vias de acesso; quando o nível de engarrafamento ameaça propagar-se para a área local, a velocidade de mudança dos semáforos aumenta para escoar mais rapidamente o tráfego na via expressa. De acordo com um especialista em operações que trabalha para o Mn/DOT, esses controles retardam temporariamente o início do congestionamento na via expressa.

O histórico de sucesso dos controladores de acesso é impressionante em várias áreas metropolitanas. Por exemplo, Seattle experimentou um aumento no volume de tráfego de 74% mesmo quando o tempo médio de percurso foi diminuído pela metade nas horas de pico. Não apenas se faziam mais viagens, mas se gastava menos tempo por viagem! Essa dupla gratificação era tão incrível que os pesquisadores da Universidade da Califórnia, Berkeley, chamaram-na de **"paradoxo do congestionamento na via expressa"**. Normalmente, à medida que mais e mais veículos vão se amontoando no mesmo trecho da via expressa, provocando congestionamento, nossa expectativa é de que o tempo de percurso sofrerá com isso; inversamente, quando o tráfego move-se mais devagar, a tendência é o volume de veículos diminuir. Essas leis da física parecem imutáveis. **Como o controle de acesso fez essa mágica?**

Para desvendar esse paradoxo, devemos primeiro compreender por que se teme tanto o início de um congestionamento. Evidências estatísticas revelam que, quando o tráfego começa a congestionar, a velocidade média dos veículos despenca e, de uma maneira estranha, a capacidade da via expressa cai para um nível abaixo do programado. Segundo um estudo, quando a velocidade média diminuiu de 97 para 24 km/h nas horas de pico, o fluxo do tráfego diminuiu de 2.000 para 1.200 veículos por hora. Essa situação preocupante parecia tão ilógica quanto a possibilidade de um proprietário de restaurante resolver dispensar 40% de seus funcionários nas noites movimentadas de sexta-feira, quando provavelmente se imagina que seja crucial operar a cozinha a plena capacidade. Em resposta a essa descoberta inquietante, os pesquisadores da Berkeley recomendaram um plano para que as vias expressas operassem em velocidades ideais, normalmente de 80 a 113 km/h, pelo maior tempo possível. Quanto ao controle de acesso, descobriram uma forma ideal de reduzir o afluxo de veículos, a fim de manter a situação da via expressa um pouco abaixo do nível de congestionamento. O objetivo é acabar com variabilidade da velocidade de tráfego. O ganho com relação ao menor tempo de percurso e maior fluxo do trânsito "é consideravelmente maior do que qualquer melhoria que se possa conseguir construindo mais pistas na via expressa".

E há mais coisas a dizer com respeito aos controladores de acesso. Eles também diminuem a variabilidade do tempo de percurso. Há dois resultados em jogo nesse aspecto. Primeiro, os controladores de acesso regulam a velocidade, o que aumenta imediatamente a confiabilidade dos tempos de percurso. Segundo, a regra que estipula um carro por farol verde espaça os veículos à medida que eles entram na via expressa, diminuindo os índices de acidentes. Menor quantidade de acidentes significa menos congestionamento e menos situações em que o motorista tem de diminuir a velocidade inesperadamente. Em lugar nenhum isso é tão frequente quanto no Estado da Estrela do Norte, apelido do Estado de Minnesota, terra natal da famosa "Minnesota Merge". Os leitores de Jim Foti novamente comentam sobre o assunto:

"Isso me deixa pessoalmente irritado, ver as pessoas indo devagar e depois acelerando aos poucos para acessar a via expressa. Elas mal conseguem atingir o limite de velocidade no momento em que entram na via expressa; por isso, atras dessas pessoas forma-se uma verdadeira procissão de carros, que acabam por entrar na via expressa a velocidades cada vez menores de 80-70-65-55-50 km/h. Essas pessoas que aceleram lentamente são tão ruins como aquelas que param na entrada da rampa e ficam esperando uma oportunidade para entrar."

*"[Quando não há semáforo], dois, três ou mais carros **seguem colados um no outro nas rampas de acesso**, tentando entrar juntos na via expressa. O que essas pessoas têm na cabeça? Se naquele momento não houver um espaço livre na via expressa equivalente a quatro ou cinco carros, como elas imaginam que farão para entrar na via sem que os carros na pista da direita precisem frear?"*

"As pessoas não usam a seta na via expressa porque sempre tem um imbecil na outra pista que diminui o espaço e te impede de entrar [...]. [A pessoa que não usa seta] está totalmente correta. Eu não uso mais a seta nas vias expressas por causa desses caras que costumam diminuir os espaços."

Um dos motivos pelos quais o volume de tráfego diminui de comum acordo à medida que a velocidade diminui é que os motoristas, por comodidade, andam colados um no outro quando as estradas ficam congestionadas. Alguns motoristas tendem a frear com frequência. Ao frear, assustam os que vêm atrás, provocando uma reação brusca e tumultuando ainda mais o fluxo do trânsito. Portanto, a perda de capacidade nas horas de grande movimento é provocada pela incompetência, pela impaciência, pela agressividade e pelo instinto de auto-preservação das pessoas.

O Mn/DOT, um dos precursores da técnica de controle de acesso, instalou seus primeiros controladores em 1969. Na década de 1990, em meio a uma "guerra contra o congestionamento", essa malha tornou-se seis vezes maior e a mais densa da nação, englobando dois terços ou 338 km do sistema de vias expressas na área metropolitana das "Cidades Gêmeas" (Mineápolis e Saint Paul). Além disso, o Mn/DOT é o mais agressivo em relação aos demais departamentos no sentido de refrear o tráfego nas vias de acesso nas horas de pico para assegurar o fluxo na via expressa. Especialistas do setor consideram o sistema de 430 controladores de acesso de Minnesota um **modelo nacional**.

~###~

Em essência, tanto a Disney quanto o Mn/DOT enfrentam o **martírio dos congestionamentos**. Ambos perceberam que qualquer magnitude de expansão de capacidade não está à altura de exterminar o problema da variabilidade por causa da flutuação na chegada de frequentadores ao parque ou de acontecimentos imprevisíveis nas estradas. Além disso, os projetos de expansão tomam tempo e dinheiro, com frequência dependem de vontade política e sacrificam os usuários atuais em prol de um bem comum no futuro. Aumentar a capacidade é uma necessidade, mas é uma solução insatisfatória. De acordo com os estatísticos, uma sólida política de transporte deve enfatizar a melhor utilização possível da capacidade disponível. O custo para encontrar novas formas de transformar esse ideal em realidade é significativamente menor do que a construção de novas vias expressas e geração retornos mais rápidos. O **controle de acesso** é uma solução que atende a esse propósito. Os gestores da Disney concluíram que as avaliações que visam à otimização operacional, embora eficazes, também não são suficientes; eles estão um passo à frente dos engenheiros rodoviários. A menina dos olhos no manual de operações da Disney é a **gestão da percepção**.

Um grupo de pesquisadores acadêmicos defende o ponto de vista de que controlar as aglomerações é mais do que um problema matemático ou um quebra-cabeça para engenheiros; essa medida tem uma dimensão humana, psicológica e sentimental. Um dos principais pressupostos dessa pesquisa — de que o tempo de espera percebido não é igual ao tempo de espera real — foi demonstrado em diversos estudos. Por exemplo, os espelhos utilizados nos *halls* de elevador mudaram a percepção das pessoas com relação à quantidade de tempo em que ficam esperando; enquanto nos olhamos ao espelho, tendemos a não considerar esse tempo como tempo de espera. Em decorrência disso, os engenheiros ou "imaginadores" da Disney esforçam-se ao máximo para moldar a percepção dos visitantes com relação aos tempos de espera. Em contraposição, as soluções de engenharia, como o controle de acesso com semáforos, normalmente procuram diminuir o tempo de espera **real**; essas iniciativas malogram porque as pessoas avaliam mal o tempo durante o qual ficam aguardando em uma fila ou trancafiadas em um carro.

No decorrer dos anos, a Disney aperfeiçoou a mágica que é gerenciar percepções. Dê uma volta no parque para comprovar o trabalho desses profissionais. Por exemplo, a área de espera da montanha-russa Everest Expedition é decorada como uma aldeia nepalesa, com artefatos e flora trazidos do Himalaia; antes de entrar na montanha-russa, os visitantes passam pelo museu do Yeti, o abominável homem das neves, e encontram mensagens enigmáticas que chegam a fascinar. Em outros lugares, quando as filas ficam extremamente longas, os artistas do grupo Streetmosphere, que representam personalidades hollywoodianas, circulam por ali para entreter os visitantes. Os letreiros indicam os tempos de espera previstos, os quais são "propositalmente mais longos do que o tempo real esperado", de acordo com Bruce Laval, ex-executivo da Disney. Na próxima vez em que telefonar para uma central de atendimento ao cliente e ouvir aquela voz computadorizada dizendo "O tempo de espera previsto é de cinco minutos", experimente fazer uma comparação. Como você se sentiria se a central atendesse a chamada dois minutos depois e qual seria seu estado de espírito se permanecesse oito minutos aguardando? Esse é o poder da estratégia clássica de fazer mais do que o prometido. Esses esquemas, assim como outros, dão a impressão de que a fila anda ou então desviam nossa atenção para outro lugar.

O astro dessa iniciativa da Disney de gerenciar as filas é o FastPass, sistema patenteado de reserva "virtual" lançado em 2000. Ao chegar a qualquer uma das principais atrações, os visitantes podem entrar de imediato na fila "de espera" e ficar aguardando ou optar pelo FastPass, que lhes dá o direito de retornar em um momento específico e entrar na raia expressa. Visto que a raia do FastPass esvazia bem mais rapidamente do que a fila de espera, o tempo de espera costuma ser de cinco minutos ou menos quando os portadores do FastPass retornam no tempo predeterminado. Para ajudar os visitantes a se decidirem, a Disney afixa o tempo de espera previsto para as pessoas que preferem ficar na fila normal, justaposto ao horário de retorno do FastPass. O sucesso inequívoco dessa ideia é comprovado pelo depoimento dos clientes satisfeitos. Um fã do parque, Allan Jayne Jr., de mente mais analítica, revela o motivo:

> "Até que ponto o FastPass é eficaz? Muito [...]. Digamos que o FastPass forçou os visitantes da fila normal (a 'fila de espera') a aguardarem em média uma hora e meia cada um, em vez de uma hora, ao passo que os portadores do FastPass não precisam esperar tempo algum. Desse modo, 9.000 visitantes não passam nenhum tempo na fila, enquanto 3.000 esperam em média uma hora e meia, o que dá um total de 4.500 horas. Isso equivale a mais ou menos seis meses de espera, comparados a dezesseis meses sem o FastPass [situação em que todos os 12.000 visitantes esperam uma hora cada]. Portanto, o FastPass poupou dez meses de espera nas filas!"

Os visitantes satisfeitos ficam ávidos por passar essa constatação adiante, como fez Julie Neal em seu *blog*:

Como aproveitar ao máximo o FastPass

1. Escolha alguém para supervisionar seu FastPass. Essa pessoa ficará com todos os seus ingressos, sairá correndo para obter FastPass para todos os integrantes do grupo, para o dia inteiro, e ficará de olho no tempo. O que acha disso, papai?
2. Sempre tenha no mínimo nove FastPass em mãos. Assim, você sempre estará "no horário" para pelo menos uma atração. Pegue um FastPass assim que chegar ao parque e outros ao longo do dia, sempre que possível.
3. Não se preocupe se caso perder o horário de retorno. A Disney raramente faz essa regra valer, desde que você use seu ingresso no mesmo dia em que ele foi emitido.
4. Use esse recurso em todas as atrações que aceitam o FastPass, exceto naquelas em que você frequentará antes das 10 da manhã ou bem tarde da noite.

Não há dúvida de que os usuários do FastPasss alimentam verdadeira paixão por ele — mas quanto tempo de espera eles conseguem poupar? Surpreendentemente, a resposta é **nenhum**; eles gastam a mesma quantidade de tempo esperando pelas atrações mais visadas com ou sem o FastPass! É um equívoco pensar que o FastPass elimina o tempo de espera, tal como a citação anterior leva a crer; a verdade é que, em vez de aguardar na fila e no tempo, os visitantes ficam livres para curtir outras atividades, seja nas atrações menos populares, em restaurantes, no banheiro, na cama do hotel, nas estâncias balneares ou nas lojas. O tempo na fila, que é o intervalo entre a chegada à atração para apanhar o ingresso FastPass e o momento em que de fato a pessoa entra, pode na realidade ser mais longo do que antes. Visto que as atrações têm a mesma capacidade de lotação com ou sem o FastPass, simplesmente não é possível acomodar mais visitantes apenas com a introdução de um sistema de reservas. Portanto, a Disney confirma outra vez que a **percepção** triunfa sobre a **realidade**. A ideia do FastPass é uma sacada de gênio; ele muda totalmente o tempo de espera percebido, e isso deixou inúmeros frequentadores extremamente admirados.

Nos bastidores, os estatísticos rodam o sistema FastPass por meio de uma rede de computadores que fazem a contagem dos visitantes e registram os tempos de espera. Quando um novo visitante chega ao parque, os computadores calculam quanto tempo levaria para uma atração atender a todos os clientes que estão na frente desse novo visitante, incluindo os "virtuais" que estão espalhados pelo parque segurando firme seus ingressos FastPass. Esse visitante é então orientado a voltar em outro horário do dia. A fila parece curta. Isso porque muitas pessoas que estão aguardando não estão fisicamente na fila. O novo visitante não precisa deixar de curtir aquela atração. Na realidade, do mesmo modo que Julie Cross, os frequentadores da Disney têm oportunidade de apostar: eles devem aceitar o FastPass, uma opção confiável, ou devem entrar na fila de espera e tentar a sorte? As pessoas que estão na fila de espera podem conseguir entrar depois de um tempo mínimo de espera se por acaso houver uma pausa na chegada de novos visitantes ou no retorno dos visitantes com FastPass, mas na maioria dos casos eles terão de esperar mais de uma hora, como pôde atestar este cliente, um tanto frustrado:

*"No verão passado, depois de mais de uma hora na fila do Peter Pan vendo a fila do FastPass fluir como água, parecia que os **membros do elenco** estavam mais inclinados a deixar os portadores do FastPass ter uma precedência bem maior em relação às pessoas, dentre as quais me incluo, que estavam ali suando profusamente (sem falar do cheiro não muito agradável depois de passar o dia inteiro no parque). Aquilo estava ficando exasperador."*

Compare essa experiência com essa visão de quem estava na outra fila:

"Muitas pessoas estavam tentando entender quem éramos nós. Podíamos perceber isso pelos olhares arregalados."

Tal como o controle de acesso, o FastPass também tenta eliminar a variabilidade, já que os visitantes vão sendo espaçados à medida que chegam ao parque. Quando a taxa de chegada supera a capacidade da atração, as pessoas que estão apanhando o FastPass concordam em voltar em outro horário do dia. Em outros momentos, quando a demanda diminui temporariamente, os visitantes nas filas de espera são admitidos prontamente para evitar tempo ocioso. Desse modo, as atrações funcionam a plena capacidade sempre que possível. Como observou o professor Dick Larson, conhecido apropriadamente como Dr. Queue ("Dr. Fila"): "Embora as filas do parque temático da Disney fiquem mais longas a cada ano, a satisfação dos clientes, de acordo com as pesquisas de opinião à saída, continua **crescendo.**"

~###~

Voltando a Minnesota, a percepção novamente triunfou sobre a realidade: para desgosto do Mn/DOT, a aclamada estratégia de controle de acesso do departamento de transportes sofreu um cerco no outono de 2000. Dick Day, senador do Estado, liderou uma causa para abolir esse programa nacionalmente reconhecido, retratando-o como **parte do problema**, não **a solução**. Segundo ele, décadas de utilização dos controladores de acesso não significaram nada, porque as "Cidades Gêmeas" continuaram entre as cidades mais congestionadas nos EUA. No final, o Estado acabou perdendo, visto que **71%** de suas vias expressas urbanas foram declaradas congestionadas por um relatório da Sociedade Americana de Engenheiros Civis.

Deixemos que o senador Day fale a língua dos "fulanos médios" — as pessoas que ele encontra nos cafés, nas feiras anuais de produtos agropecuários, nos desfiles de verão e nas corridas de *stock car* que ele adora. Ele considerava o controle de acesso como o símbolo do **big government*** que sufoca a liberdade dos cidadãos: "Isso sempre me incomodou — quem para? Qual é a primeira pessoa a parar em um controlador de acesso de manhã? Por que ela para? Ela deveria simplesmente passar sem precisar parar. O primeiro cara é que congestiona, e esse efeito se propaga para os 15 a 20 carros que vêm atrás." Como o senador conseguiu tirar proveito de tamanha insatisfação! Os leitores do *Star Tribune* apresentaram seus relatos, com base em experiências de primeira mão:

"A operação dos controladores de acesso não faz sentido. Com demasiada frequência, os controladores estão ligados quando o trânsito na verdade está extremamente rápido na via expressa. Além disso, o tempo de ciclo dos controladores é muito lento."

"Por que os gerentes de tráfego permitem que os controladores formem longas filas às 18h quando há cerca de 30 carros na via expressa e eles estão a 120 km/h? O que há de errado nisso? Não há ninguém de olho nisso?"

Lembre-se de que na percepção dos visitantes da Disney o tempo de espera havia diminuído sensivelmente mesmo quando na realidade talvez tivesse aumentado. Nas "Cidades Gêmeas", os motoristas tinham a impressão de que o tempo de percurso havia aumentado mesmo quando na realidade esse tempo provavelmente havia diminuído. Portanto, quando o Legislativo estadual aprovou um decreto em setembro de 2000 exigindo que o Mn/DOT conduzisse o experimento de "desligamento dos controladores de acesso", os engenheiros ficaram chocados e desiludidos. Eles tinham certeza de que, enquanto estiveram a cargo da supervisão, nunca antes o sistema de vias expressas havia comportado tantos veículos por hora. E o sistema estava funcionando quase no limite de sua

---

* Em referência a uma máquina de governo excessivamente grande, burocrática, corrupta e ineficiente ou que esteja envolvida inapropriadamente com determinadas políticas públicas. (N. da T.)

capacidade mesmo nos horários de pico por causa do controle de acesso. Eles também sabiam que para a maioria dos motoristas o tempo de percurso estava diminuindo, mesmo com a obrigação de parar nos semáforos de acesso à via expressa. Tudo o que os **engenheiros ganharam por terem feito um bom trabalho foi um tapa na cara.**

O Estado deixou todos os 430 semáforos desligados por seis semanas. A situação do tráfego foi avaliada antes e durante esse experimento de desligamento dos faróis para avaliar o impacto dos controladores de acesso. A Cambridge Systematics, que conduziu o estudo, coletou dados objetivos nos detectores e nas câmeras, bem como dados subjetivos de grupos de discussão e de uma pesquisa por telefone. À véspera das férias forçadas do controle de acesso, ambos os lados divulgaram previsões conflitantes sobre o destino do sistema. Rich Lau, um dos mais notáveis especialistas em controle de acesso do Mn/DOT, previu que dirigir sem os controladores seria bem semelhante a "dirigir durante uma tempestade de neve". "Qualquer legislador que tenha votado a favor [do desligamento dos controladores] provavelmente terá de dar uma resposta ao povo em algumas semanas. Os telefones talvez não parem de tocar." Entretanto, o senador Day também tinha seu prognóstico: "Eu vou dizer a vocês quando é que essa tragédia ocorrerá — daqui a um mês, quando eles religarem os semáforos."

Em pouco tempo, os 1,4 milhão de usuários das "Cidades Gêmeas" tomaram partido. Como observou Tim Pawlenty, líder da maioria na Câmara dos Deputados: "Quando conversamos com as pessoas, o que elas mais querem falar é sobre o Ventura [o governador Jesse Ventura] e os semáforos." Com poucas exceções, eles expressam seus pontos de vista, projetando sua experiência e imaginando, com satisfação, que outras pessoas estão sentindo o mesmo:

"Foi um sonho. Meu tempo de viagem era um pouco mais rápido do que o normal. Eu sabia que esses semáforos eram uma farsa!"

"Hoje [depois que os semáforos foram desligados], meu tempo de viagem mais do que dobrou. Por fim, tive de parar de usar a 169 e voltar a trafegar nas ruas para chegar 20 minutos atrasado ao trabalho. Depois de um tempo, tive de mudar o horário em que saía de casa de manhã e sair mais ou menos 25 minutos mais cedo."

"Depois de experimentar o que é a vida sem os semáforos, para mim parece ridículo considerar a possibilidade de voltar ao mesmo sistema."

"Acho que todos os semáforos deveriam voltar a funcionar depois que o período de monitoramento acabar — sem objeções."

"Quando saio do centro da cidade à noite, meu desejo é que os semáforos estejam ligados, porque o congestionamento é muito grande. Eles [os outros motoristas] não deixam você entrar na via expressa. Mas por outro lado economizo dez minutos de manhã [sem os semáforos]."

No cômputo final, o **ponto de vista dos engenheiros triunfou**. A situação das vias expressas realmente piorou depois que os controladores de acesso foram desligados. As principais constatações, baseadas em avaliações reais, foram as seguintes:

- O volume de pico das vias expressas aumentou 9%.
- O tempo de percurso aumentou 22% e a confiabilidade deteriorou.
- A velocidade diminuiu 7%.
- O número de acidentes na ligação de acesso à via expressa subiu 26%.

De acordo com outra estimativa dos consultores, os benefícios do controle de acesso superavam os custos numa proporção de cinco para um.

Mais importante do que isso, os engenheiros de fato levaram esse tapa na cara, e com força. A parte subjetiva do estudo, que refletia a opinião pública, reproduziu substancialmente os discursos inflamados dos leitores do *Star Tribune* ao longo dos anos. Foi apenas nesse momento que os engenheiros reconheceram seu ponto cego. Como concluiu Marc Cutler, da Cambridge Systematics: "Em geral, as pessoas não gostam de esperar de modo algum. Não gostam de esperar o ônibus; não gostam de ficar aguardando ao telefone. Elas tendem a se sentir imobilizadas, como se não tivessem escolha nem domínio da situação." Em outras palavras, não obstante a realidade de que os usuários podiam diminuir seu tempo de percurso se aguardassem sua vez nas vias de acesso, os motoristas não acham essa barganha benéfica; eles continuavam afirmando que preferiam andar devagar na via expressa a parar na via de acesso. Finalmente, os engenheiros ouviram. Quando religaram os semáforos, restringiram o tempo de espera nas vias de acesso para quatro minutos, aposentaram alguns semáforos desnecessários e também diminuíram o número de horas de operação. Não foi a solução de engenharia ideal, obviamente, mas o que as pessoas receberam era o que elas queriam. "As pessoas têm um limite de tolerância para ficar aguardando nos semáforos. A percepção pública precisa ser levada em conta pelo governo. Não podemos tomar decisões apenas com base em princípios de engenharia e planejamento", completou Cutler. Nesse sentido, os engenheiros rodoviários poderiam tomar como exemplo a iniciativa exemplar da Disney de gerenciar a percepção.

O Dr. Queue, professor que investigou as filas da Disney, tem uma teoria sobre esse comportamento aparentemente irracional. Há muito ele dizia que as pesquisas científicas tradicionais sobre as filas deveriam considerar o ponto de vista psicológico. O que incomoda as pessoas acaba sendo a questão dos "deslizes e omissões": ser detido por um semáforo enquanto outros carros passam voando passa a impressão de que está havendo uma grave injustiça social. Tal é o lamento de um usuário das "Cidades Gêmeas":

> "Todos os dias, entro na fila e aguardo [...]. Empenhando-me para ser um cidadão bom e responsável, simplesmente aceito o meu destino. Entretanto, vejo um motorista após outro [sozinhos no carro] fechar as faixas exclusivas destinadas aos veículos de alta ocupação."

Obviamente, ouvimos opiniões semelhantes nas filas de espera da Disney.

O homem médio é uma das poucas invenções feitas por estatísticos que encontrou um lugar permanente no nosso vocabulário popular. Os estatísticos usam esse conceito de uma maneira totalmente diferente das demais pessoas: eles se concentram nas variações em torno da média, e não no valor médio em si. Por exemplo, os frequentadores dos parques temáticos que temem as filas de espera de uma hora e os trabalhadores que se queixam dos percursos de uma hora de casa ao trabalho estão relatando suas experiências com relação ao tempo de espera médio. Segundo os estatísticos, a grande variabilidade em torno dessas médias, provocada pela chegada variável de visitantes ou por casualidades, é o principal motivo de irritação. Essas variações tumultuam nossos melhores planos. Portanto, as medidas mais eficazes para gerenciar as filas e o tráfego das vias expressas, incluindo o sistema de reserva virtual FastPass da Disney e o controle de acesso por semáforo do Mn/DOT, visam eliminar a variabilidade do sistema. Alguém pode até achar que é possível evitar as filas dos parques temáticos expandindo a capacidade e que o congestionamento nas horas de *rush* pode ser refreado com a construção de mais pistas. Essas táticas dificilmente são suficientes em face da variabilidade. Em resumo, essa é a consequente insatisfação de ser nivelado pela média.

Capítulo 2

Espinafre embalado/ Pontuações ruins

A virtude de estar errado

> *Você pode dizer pouca coisa com base em uma grande coisa. O que é extremamente difícil é dizer pouca coisa com base em absolutamente nada.*
> — MICHAEL THUN, EPIDEMIOLOGISTA

> *Deus só envia granizo para danificar o telhado das pessoas com alto risco de crédito?*
> — STEVEN WOLENS, EX-DEPUTADO DO TEXAS (EUA)

Existe uma determinada estirpe de estatísticos a que chamam de **modeladores**. Imagine os modeladores como batedores (*reconnoiterers*) enviados a terras estrangeiras extremamente perigosas; eles tiram fotos de lugares aleatórios e em seguida tecem algumas afirmações gerais — cruas, diriam os críticos — sobre o mundo como um todo. Eles apostam em um jogo altamente arriscado, sempre cautelosos com a tirania do desconhecido, sempre preocupados com a consequência de um erro de cálculo. Eles têm um talento especial para fazer **conjecturas fundamentadas**, com ênfase no adjetivo. Os "líderes da matilha" são pessoas pragmáticas e realistas que se fiam em observações detalhadas, em pesquisas direcionadas e em análises de dados. O calcanhar de Aquiles desses profissionais é o famoso **eu**, quando se deixam iludir pela intuição.

Este capítulo destaca dois grupos de modeladores estatísticos que provocaram impactos duradouros e positivos em nossas vidas. Primeiro, conheceremos os **epidemiologistas**, cujas investigações tentam explicar a causa das doenças. Posteriormente, conheceremos os **modeladores de crédito**, que classificam nossa reputação financeira para os bancos, as companhias de seguro, os empregadores e assim por diante. Observando esses cientistas em seu âmbito de ação, veremos de que modo eles romperam fronteiras técnicas e até que ponto podemos confiar nos resultados de seus esforços.

~####~

Em novembro de 2006, a Comissão do Senado norte-americano de Saúde, Educação, Trabalho e Fundos de Pensão promoveu uma audiência pública para julgar retrospectivamente a resposta da Agência de Controle de Alimentos e Medicamentos dos EUA (Food and Drug Administration — FDA) sobre o surto de *E. coli* que havia acabado de abrandar. A atmosfera era surpreendentemente de cordialidade, visto que o relato de todas as sete testemunhas tinha um tom enaltecedor. Todas elogiaram os órgãos públicos de saúde por ter conseguido identificar em tempo recorde que a **causa** do surto era o **espinafre** e por ter organizado uma arrojada e abrangente retirada do produto do mercado, evitando que muitos outros cidadãos ficassem doentes.

Apenas dois meses antes, em 8 de setembro, as autoridades de Wisconsin foram as primeiras a disparar o alarme revelando um grupo de cinco casos suspeitos de enfermidades associadas à *E. coli*. Uma semana depois, a FDA convenceu os principais produtores a retirar do mercado toda a produção de espinafres frescos. No prazo de 18 dias, com base em investigações incessantes, os pesquisadores reconstituíram o intrincado percurso do surto, desde a contaminação à doença, conectando um caso após outro ao espinafre processado em uma fazenda de 3 acres na Califórnia durante uma transferência específica, em um dia específico, espinafre esse que posteriormente chegaria já ensacado e pré-lavado aos domicílios trazendo no rótulo a marca Dole Baby. A rapidez e a precisão com que a fonte de contaminação foi descoberta anunciaram outra vitória da moderna ciência de detecção de doenças, também conhecida como **epidemiologia**. As organizações de defesa do consumidor aplaudiram o empenho dos cientistas e das autoridades públicas; até mesmo o setor de hortifruti reconheceu prontamente sua responsabilidade. Nesse clima de bem-estar, a audiência no Senado concentrou-se principalmente na busca de soluções para apoiar os órgãos de saúde por meio de fundos ou de tecnologia.

Mas existe mais de uma maneira de contar uma boa história.

Vamos retroceder e começar novamente.

Em 15 de agosto, um lote de espinafre foi contaminado nas propriedades de um produtor da Califórnia. Dez dias mais tarde, Marion Graff, de Monitowoc,

Wisconsin, sentiu-se enferma depois de ter comido espinafre em um bufê de saladas. Logo após, deu entrada no hospital. Ela seria a **vítima número 1** do surto recém-surgido. Em algumas semanas, o espinafre contaminado foi distribuído em 26 Estados, afligindo pelo menos 200 pessoas. No dia 1º de setembro, o surto atingiu um pico e começou a declinar. Duas outras semanas se passaram antes de a FDA iniciar a retirada do espinafre do mercado, no dia 14 de setembro. A essa altura, as novas infecções ocorriam aos pingos. Desse modo, com toda probabilidade, o surto morreu de morte natural. Aliás, tendo em vista o curto período de vida útil do espinafre, todos os que estavam no lote infectado provavelmente estragaram antes de se iniciar a retirada do produto do mercado. Nesse meio tempo, a histeria coletiva imediatamente estancou o consumo de espinafre em todo o país durante meses, provocando no setor um impacto direto de perda de mais de 100 milhões de dólares em receitas. No final, **três pessoas**, por falta de sorte, morreram, dentre os aproximadamente **50 milhões de indivíduos** que consomem espinafre no decorrer de uma semana.

Se você se sentiu incomodado com essa nova versão da história, você não é o único. Embora ambas sejam reais, a história oficial é apenas como uma comida caseira reconfortante, que nos lembra bons momentos e nos proporciona bem-estar. Sem apurar os fatos, as organizações de defesa do consumidor e a mídia engoliram-na rápida e completamente. Essa nova versão é mais picante, como uma asinha de frango frita, no estilo de Buffalo, em que as partes suculentas estão bem próximas do osso duro. Teríamos tido uma cega confiança na FDA? Como a nova ciência apurou a relação causa e efeito? Como cinco pessoas doentes conseguiram atemorizar os consumidores de uma nação inteira? Existe algum limite tênue entre proteger-se e reagir exageradamente? A segunda versão da história expõe esses fatos difíceis e concretos da vida. E é o tipo de história adequado para este livro.

~####~

Algumas audiências no Legislativo são menos cordiais do que outras; as pessoas envolvidas com o setor de pontuação de crédito podem ser categoricamente mordazes. Desde a década de 1990, os projetos de lei que visavam à restrição do uso das pontuações de crédito passaram a ser imprescindíveis nas pautas legislativas de pelo menos 40 Estados. A pontuação de crédito é uma sequência de três dígitos calculada com base nos relatórios de crédito, que se destina a avaliar a **probabilidade** de alguém **deixar de pagar um empréstimo**. A tecnologia é empregada para analisar características que supostamente expressam indicadores positivos ou negativos desse comportamento. Todos os anos, as organizações de defesa do consumidor nos apresentam um novo grupo de consumidores injustiçados que manifestam sua indignidade em relação a empréstimos que lhes foram negados ou a taxas de juros elevadas, atribuindo a culpa a pontuações de crédito incorretas ou inexplicáveis. O discurso é viciado. Steven Wolens, deputado estadual do Texas, expressou uma opinião bastante difundida, de uma maneira extremamente distintiva: "Sou contra a ideia de que as pessoas que não pagam suas contas em dia sejam mais propensas a sofrer danos provocados por granizo no telhado." Com isso, ele desafiou o setor a produzir evidências de uma relação direta de causa e efeito entre os indicadores utilizados na pontuação de crédito e nos pedidos de indenização de seguros residenciais. Outros críticos zombam da tecnologia com a paráfrase **"lixo entra, pontuação de crédito sai"**, acusando os órgãos que emitem relatórios de crédito de incompetência grave na compilação dos dados que fundamentam as pontuações de crédito. Outros acusam as companhias de seguro de eleger a pontuação de crédito como "o instrumento do século XXI para determinar limites de segurança em áreas de alto risco financeiro", citando a prática comercial ilegal de recusar hipotecas a áreas pobres dos centros das cidades.

Os defensores da pontuação de crédito são igualmente fervorosos. No Federal Reserve, o então presidente Alan Greenspan sustentou: "Os emprestadores tiraram proveito dos modelos de pontuação de crédito e de outras técnicas para estender o crédito de forma eficiente a um espectro mais amplo de consumidores. A adoção difundida desses modelos reduziu os custos de avaliação da capacidade creditícia dos tomadores de empréstimo, e nos mercados competitivos, as reduções de custo tendem a ser passadas adiantes aos tomadores". Comercializada primeiramente nos EUA na década de 1960, a tecnologia de pontuação de crédito obteve sólida aceitação no mercado; dizem que, em 2000, mais de dez bilhões de pontuações foram utilizadas ao longo do ano. Hoje, seu papel é fundamental na aprovação de cartões de crédito, empréstimos para aquisição de automóveis e residências, empréstimos para pequenas empresas, apólices de seguro, aluguel de apartamentos e mesmo na contratação de empregados. "Quando analisamos o portfólio [de empréstimos], podemos ver que os cartões de pontuação funcionam plenamente", afirmou entusiasticamente o vice-presidente sênior de um banco regional, explicando que o banco fez 33 vezes mais empréstimos, enquanto as perdas permaneceram invariáveis. É espantoso que esse histórico dependa inteiramente da identificação computadorizada de padrões repetitivos de comportamento, com frequência denominados **correlações**, sem recorrer a relações de causa e efeito. Não é de admirar que Tim Muris, ex-presidente da Comissão Federal de Comércio (Federal Trade Commission — FTC), tenha comentado que "O norte-americano médio hoje tem acesso a serviços creditícios e financeiros, opções de compra e recursos educacionais que antigamente os norte-americanos nem sequer podiam imaginar."

Cada lado, ao seu estilo, entra em choque com o outro, ano após ano. A retórica populista critica o sistema de pontuação de crédito, considerando-a prejudicial ao consumidor, enquanto o outro enaltece os benefícios abrangentes da ciência. Como podemos avaliar se as pontuações de crédito estão sendo úteis ou prejudiciais às pessoas? Qual é a lógica por trás da ciência? Onde se encontra o limite tênue entre proteção e reação exagerada?

Acontece que a estatística está no âmago da epidemiologia e também da pontuação de crédito. Esses dois campos atraem essa determinada estirpe de estatísticos a que chamamos de modeladores. Seu talento especial é a conjectura fundamentada; seu trabalho fornece informações para a tomada de decisões nos negócios e nas políticas públicas. Tal como os epidemiologistas determinam a causa das doenças, os modeladores de crédito revelam indicadores de comportamento de consumo indesejável. Em relação ao que já conseguiram conquistar, esses estatísticos **obtiveram parca atenção**. Neste capítulo, elucidamos esse ofício, começando com uma família suburbana da classe média norte-americana.

~###~

No dia 7 de setembro de 2006, os médicos do Elmbrook Memorial Hospital, no condado de Manitowoc, Wisconsin, internaram novamente Lisa Brott ao constatar que seu exame de fezes havia dado positivo para *E. coli*, um tipo de bactéria que pode provocar mal-estar, insuficiência renal e até a morte. Exames subsequentes revelaram que seu sangue e os rins estavam infectados por uma cepa fatal dessa bactéria, denominada O157:H7; nos oito dias subsequentes, Lisa recebeu transfusão de sangue total por meio de uma incisão no pescoço. Outra residente de Manitowoc, Marion Graff, de 77 anos de idade, adoeceu enquanto viajava em um ônibus de excursão com um grupo da terceira idade e posteriormente morreu de falência renal provocada por *E. coli* em um hospital em Green Bay.

Todos os anos, várias ou inúmeras pessoas que residem em Manitowoc contraem *E. coli*; as infecções em geral ocorrem em grupos, especialmente no verão, em virtude da popularidade dos esportes aquáticos e dos churrascos. Essas indisposições são em sua maioria "esporádicas" e não estão associadas a surtos. Portanto, não causam nenhum alarme especial. Entretanto, a existência de casos eventuais torna a detecção do início de um surto real intimidadora. À medida que novos casos aparecem, deve-se determinar se eles fazem ou não parte de uma tendência ascendente. Quanto tempo se espera para declarar um surto? Entre a previsão e a tergiversação existe uma curta distância!

O departamento de saúde de Manitowoc acreditava que havia detectado um grupo restrito a uma área específica, visto que quatro dos cinco pacientes haviam frequentado a feira anual de produtos agropecuários no final de agosto e presumivelmente tiveram contato com gado, um foco comum de *E. coli*. Os cinco casos foram divulgados ao dr. Jeffrey Davis, superintendente de saúde do Estado, na área de doenças contagiosas, que também ficou sabendo de outro grupo de *E. coli* no condado de Dane. Visto que o Estado de Wisconsin está acostumado a ver centenas de casos de *E. coli* todos os anos, a equipe do dr. Davis não tinha certeza de que esse aumento fosse algo fora do comum.

Portanto, no dia 8 de setembro, o departamento recebeu a notícia de cinco pacientes em cinco hospitais que haviam recebido atendimento por insuficiência renal nos últimos dias. Essa conjectura indica um surto. Mais tarde, nesse mesmo dia, o laboratório do Estado descobriu que oito pacientes tinham linhagens idênticas de O157:H7. Pelo fato de mais de 3.520 dessas linhagens terem sido documentadas, cada uma com uma "impressão digital de DNA", essa descoberta tratava-se de uma indicação bastante plausível de um foco comum. Dr. Davis decretou que estava a caminho um surto em todo o Estado, alertando os Centros de Controle e Prevenção de Doenças (Centers for Disease Control and Prevention — CDC) em Atlanta (Geórgia).

Nesse meio tempo, os agentes da saúde do Oregon também estavam perto de encontrar o foco, depois que os microbiologistas obtiveram a confirmação de um grupo de três casos de O157:H7 no dia 8 de setembro e de mais três casos no dia 13 de setembro. Dr. Bill Keene, epidemiologista-chefe, confirmou o surto em todo o Estado e também notificou o CDC.

No CDC, Molly Joyner gerenciava o banco de dados da PulseNet, descrito sugestivamente por dr. Davis como **"um serviço de namoro para bactérias"**. Todos os anos, os laboratórios públicos de saúde ao redor do país fornecem mais de cinco mil impressões digitais de *E. coli* para esse banco de dados nacional. Joyner fez a triagem prévia das novas bactérias para buscar pares semelhantes. No dia 11 de setembro, ela percebeu que haviam sido submetidos de Wisconsin oito casos de *E. coli* análogos. Essa linhagem era semelhante à que havia sido encontrada previamente em bifes de hambúrguer no Texas, cujo DNA era indistinguível daquelas que haviam sido enviadas por nove outros estados. Essa história, agora familiar, se repetiu em nível federal. Joyner estava acostumada a receber dois ou três *uploads* de O157:H7 por semana, havendo um aumento sazonal durante o verão. Essa linhagem específica nunca havia sido associada a nenhum surto nos EUA, mas desde 1998 começou a aparecer com maior frequência. Ela cogitou a possibilidade de todos esses casos estarem associados. Quando chegou outro novo caso de Minnesota, ela tomou uma medida decisiva. (A Figura 2.1 mostra as decisões que Joyner tem de enfrentar todos os anos quando os casos são divulgados ao CDC.)

Figura 2.1 Entre a previsão e a tergiversação: o CDC puxou o gatilho

Em 2006, o CDC só declarou surto no início de setembro, não obstante o aumento de casos durante o verão. (Observação: os dois gráficos têm escalas diferentes.)

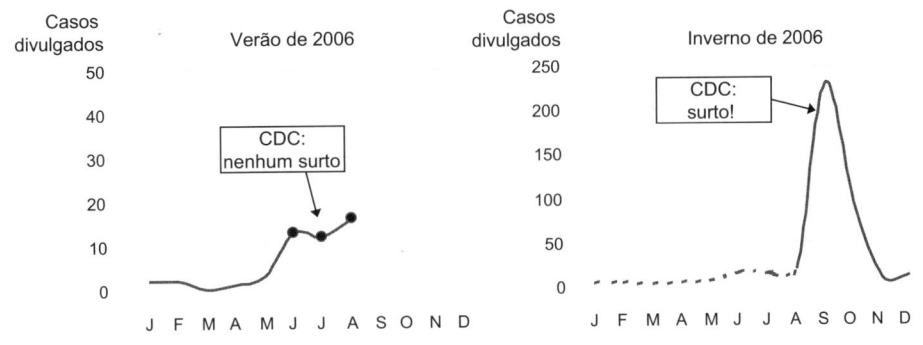

Em 2005, ocorreu um aumento semelhante de casos no verão. Se o CDC tivesse declarado surto, ele teria se mostrado incorreto no inverno.

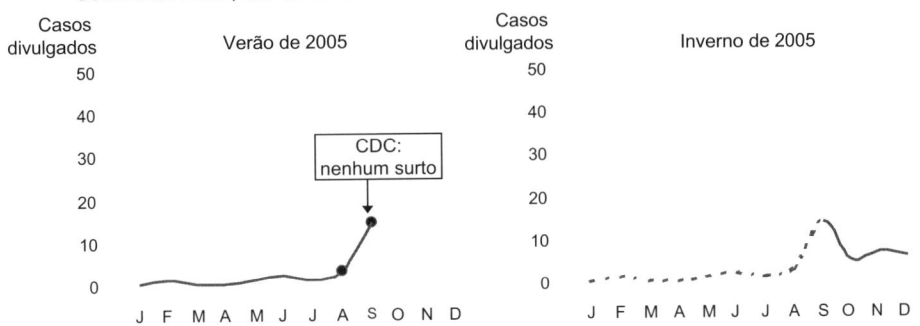

Em 2004, não houve surtos, mas casos acidentais. A existência desses casos é que dificulta as investigações.

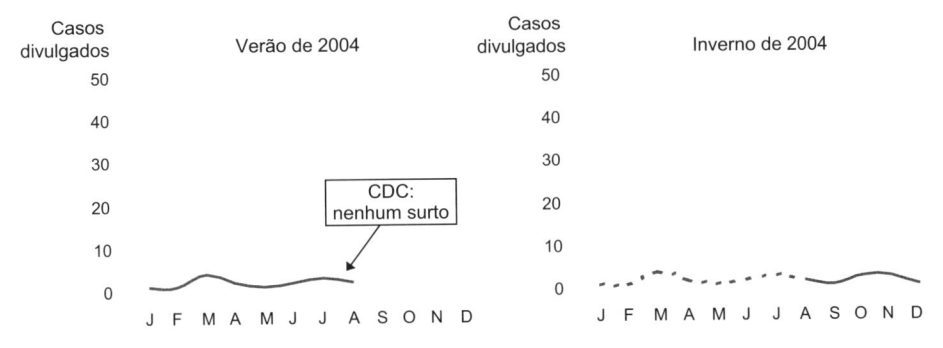

Os primeiros a se mobilizar foram os estados e depois os órgãos federais. Uma bactéria fatal à solta era como uma bomba-relógio: havia um tempo precioso e diminuto para localizá-la e neutralizá-la. Nos Estados de Wisconsin e Oregon, os agentes de saúde entraram em ação, ligando para os pacientes e as respectivas famílias para investigar seus hábitos alimentares. Contudo, a primeira rodada de entrevistas não conseguiu revelar nenhuma "evidência incontestável", isto é, o alimento contaminado ingerido pelos pacientes antes de adoecerem. Em Manitowoc, John Brott, casado com Lisa havia 27 anos, disse aos investigadores que Lisa não comia carne vermelha, não bebia e adorava saladas verdes, especialmente no verão. Esse relato pegou os investigadores desprevenidos. De acordo com a explicação do inspetor de saúde do condado: "Digamos que alguém saísse e comesse hambúrguer e salada. Quase automaticamente você imaginaria que o elo com a *E. coli* fosse o hambúrguer porque essa é a história que tem se repetido ao longo do tempo." Em torno de 40% dos surtos passados de origem alimentar foram provocados por carne bovina contaminada — o que não é uma surpresa, na medida em que o intestino da vaca aloja a bactéria *E. coli*.

A bem da verdade, todas as evidências epidemiológicas coletadas durante esses primeiros estágios são conflitantes e incompletas, metade fatos metade especulações sem uma linha divisória óbvia. Por mais que tentem, os pacientes não conseguem apontar com precisão os alimentos ingeridos e os restaurantes frequentados recentemente. Portanto, suas respostas com certeza são incompletas, imprecisas ou mesmo equivocadas.

No Oregon, dr. Keene encomendou um questionário mais invasivo, apelidado de *shotgun* (bombardeamento). Dizer que esse levantamento abarca um amplo espectro seria uma meia verdade. A analista Melissa Plantenga passou a noite e a manhã seguinte bombardeando cada um dos cinco pacientes de perguntas — 450 ao todo —, para vasculhar tudo e qualquer coisa que eles pudessem ter ingerido, inclusive alimentos comuns como alface romana, ovos e água engarrafada, bem como incomuns — como alga marinha desidratada, queijos encomendados pelo correio e tomates frescos cultivados em hortas caseiras.

Foi como tentar encontrar uma agulha no palheiro, mas a recompensa poderia ser gratificante: Plantenga seria a primeira pessoa a propor que esse surto de *E. coli* havia sido **provocado** por "espinafre embalado", e posteriormente constataria que estava certa. "Em grande parte das vezes, quando entrevistamos [apenas algumas] pessoas, não conseguimos descobrir a origem. Mas desta vez, parecia estranho que eu estivesse ouvindo repetidamente 'espinafre embalado', 'espinafre embalado'", ponderou ela. Quatro de seus cinco entrevistados mencionaram esse vegetal.

De volta a Wisconsin, dr. Davis também solicitou que se fizessem entrevistas mais extensas. Os oito primeiros que retornaram envolviam o espinafre. No Novo México, num trabalho independente, os "detetives da saúde" suspeitaram dos vegetais para salada e coletaram sacos de espinafre para que fossem testados em laboratório.

Portanto, não foi tanto uma surpresa quando dr. Keene telefonou para o CDC para falar sobre o surto no Oregon e encontrou dr. Davis do outro lado da linha. Tudo ocorreu ao mesmo tempo. "A atmosfera ficou excepcionalmente tensa quando, no espaço de uma hora, se percebeu que duas hipóteses epidemiológicas e os dois padrões [de DNA] eram compatíveis", recordam-se as pessoas presentes. Os médicos concluíram — graças à astúcia dos estatísticos da equipe — que o espinafre embalado era a causa da epidemia que se desenvolvia em vários Estados.

Em apenas oito dias após o primeiro relato em Manitowoc, os epidemiologistas conseguiram detectar o surto e avaliar seu escopo. Era impressionante tanta coisa ocorrer em tão curto espaço de tempo. Eles também chegaram a uma conclusão sobre a causa mais provável. Mas a cada dia mais casos apareciam: em Wisconsin, foram 20 no total, com uma morte; em Utah, 11; no Oregon, 5; em Indiana, 4; no Michigan, 3; em Idaho, 3; no Novo México, 2; e em Connecticut, 1. A rápida elevação do número de casos testou seriamente a convicção dos cientistas: se a causa fosse de fato espinafre contaminado, os consumidores teriam de parar de ingerir esse vegetal até o momento em que o surto diminuísse; se não fosse essa a causa, uma medida como essa devastaria o setor e o surto provocaria sérios prejuízos. A consequência de um erro de cálculo era grave e os riscos eram altos, e ficavam cada vez mais altos.

~###~

Há um século e meio, um jovem médico inglês se viu em uma situação bastante difícil quando uma sequência de surtos de cólera matou dezenas de milhares de pessoas entre 1830 e 1850. Em 1854, próximo à rua Broad (hoje rua Broadwick), em Londres, 127 pessoas sucumbiram à doença em três dias, e 500 morreram nos primeiros dez dias. À época, o povo acreditava que a cólera fosse provocada por "miasma", também conhecido como ar fétido. Em uma série de estudos bastante precisos mas ventilados pela intuição, dr. John Snow demonstrou que a cólera é propagada por água suja, e não por ar fétido. Ao mapear os locais das bombas de água e das casas dos mortos, ele supôs corretamente que a bomba da rua Broad estava infectada. Dizia a crença popular que o surto se interrompeu assim que a alavanca da bomba foi retirada. (Atualmente, os epidemiologistas acreditam que outros fatores, como a debandada dos residentes da área contaminada, também tenham contribuído para o fim do surto.)

As épicas investigações de campo do dr. Snow marcaram o início da epidemiologia de doenças infecciosas. Foi o dr. Alexander Langmuir que levou essa disciplina para os EUA. No cargo de epidemiologista-chefe do CDC, Langmuir inaugurou em 1951 o Serviço de Inteligência Epidemiológica (Epidemic Intelligence Service — EIS), um programa de treinamento destinado a detetives da saúde. Ele concebeu e vendeu esse programa como um tipo de "defesa civil" contra a ameaça de armas biológicas durante a Guerra Fria. Os vigilantes do EIS desempenham um papel fundamental em prevenção e controle de doenças, como a poliomielite, plumbismo, doença dos legionários e síndrome do choque tóxico. Eles usam com orgulho na lapela um *button* que traz o desenho de um sapato com um furo, simbolizando o suor e a labuta de suas atividades de vigilância.

Na parede da sala de Langmuir estão dependurados os retratos de seus três heróis: John Snow (obviamente), *sir* Edwin Chadwick e Charles Chapin. Chadwick, tal como Snow, foi fundamental para acionar a reforma sanitária na Inglaterra no século XIX; ele defendeu o conceito novo na época de usar tubulação para levar água encanada às residências. Chapin, que trabalhou como inspetor de saúde por 48 anos em Providence, no Estado de Rhode Island, ganhou o apelido de "decano dos inspetores de saúde da cidade", despertou o movimento de saúde pública dos EUA na década de 1880 e também defendeu a utilização de princípios científicos.

Langmuir pregou o valor da colaboração e encorajou profissionais da psicologia, antropologia, sociologia e de outras áreas a participar do treinamento do EIS. Até o momento, o programa já formou mais de três mil inspetores. Cerca de 30% deles em turmas recentes não são médicos. Os inspetores do EIS são enaltecidos pelo **equilíbrio** que apresentam entre **rigor analítico** e **mentalidade prática**.

~###~

No dia 14 de setembro, a FDA apostou tudo que tinha nas mãos: anunciou o surto em vários Estados, recomendou com insistência que os consumidores não comessem espinafre embalado e logo após ampliou a recomendação em relação a todos os tipos de espinafre fresco. A amplitude desse informe com respeito a qualquer vegetal ou fruta foi inédita. Mas o setor assimilou esse abalo surpreendentemente bem e vários dos principais integrantes concordaram com uma ampla retirada do produto do mercado. Os restaurantes, dentre os quais o McDonald's e a Subway, tiraram rapidamente o espinafre dos cardápios. Os supermercados, como Wal-Mart e Safeway, arrancaram o espinafre das prateleiras e dos bufês de salada. A mídia causou um estardalhaço com matérias de primeira capa. As pessoas jogavam no lixo todo e qualquer espinafre que tivessem em casa. Nos cinco dias subsequentes, as vendas de espinafre nos EUA evaporaram.

Robert Rolfs, epidemiologista do Estado de Utah e formado no EIS, resumiu bem a lógica por trás disso: "Até que se chegue a curto prazo ao cerne disso [do surto] e se descubra sua dimensão, de que marca é e a origem da contaminação, aconselho as pessoas a não comerem espinafre." Ele reconheceu, tacitamente, que os cientistas sabiam menos do que de fato não sabiam.

Examinemos novamente as evidências colhidas até 14 de setembro. Oito Estados haviam divulgado cinquenta casos. A maioria dessas infecções foi relatada porque tinham em comum uma mesma linhagem de *E. coli*, a O157:H7, a mesma em pelo menos 3.520 linhagens conhecidas na natureza. Os cientistas consideraram a mesma linhagem, a mesma fonte. Os epidemiologistas suspeitavam de que a fonte fosse espinafre contaminado com base na evidência circunstancial coletada por meio das entrevistas de campo. Nenhuma evidência incontestável havia sido encontrada até então. A marca Dole era a suspeita mais provável, mas outras marcas não foram descartadas.

Nesse meio tempo, os inspetores de saúde e os cientistas lutavam contra o relógio. Os "detetives" vistoriaram cozinhas em busca de sobras de embalagens de espinafre, das quais os técnicos de laboratório tentaram desenvolver uma cultura da bactéria *E. coli*. A contagem de casos continuou a subir implacavelmente, um dia após outro, ao longo de seis dias:

15 de setembro: 95 casos, 19 Estados
16 de setembro: 102 casos, 19 Estados
17 de setembro: 109 casos, 19 Estados
18 de setembro: 114 casos, 21 Estados
19 de setembro: 131 casos, 23 Estados
20 de setembro: 146 casos, 23 Estados

No sétimo dia, a grande aposta vingou. O laboratório do Novo México induziu o desenvolvimento de *E. coli* em sobras de espinafre e a impressão digital dessa bactéria bateu com a da linhagem do surto. Por fim, em 13 das 44 embalagens de espinafre coletadas nos domicílios, todas da marca Dole Baby, foi detectada a O157:H7. E todas as 13 correspondiam à linhagem do surto. Portanto, o círculo estava completo.

Essas notícias promissoras deram ímpeto aos inspetores agrícolas, que desde 14 de setembro procuravam alguma pista nos campos de espinafre. Desde o princípio eles suspeitaram da Califórnia porque o "Estado de Ouro", como é chamado, fornece três quartos do espinafre dos EUA e vários surtos anteriores já haviam sido provocados por propriedades que cultivam folhas para salada; com base nas entrevistas, eles estreitaram o foco a nove propriedades. Esses esforços iniciais malograram, visto que as amostras ambientais produziram resultados negativos para a O157:H7. Talvez os inspetores tivessem chegado muito tarde, depois que a fonte de contaminação já havia se espalhado. Mas foi então que o laboratório do Novo México lhes forneceu uma contribuição suplementar, representada pelo número de lote P227A, extraída de uma embalagem de sobras de espinafre: "P", de um estabelecimento do sul, "227", correspondente à data de produção de 15 de agosto, e "A", que indica o turno de trabalho. (Por fim, constatou-se que 12 outras embalagens de espinafre haviam sido contaminadas e todas continham esse fatídico código, exceto duas que haviam perdido a etiqueta.) O número de lote P227A conduziu os inspetores a quatro propriedades de cultivo de espinafre. Em uma delas — uma horta de 3 acres arrendada pela Mission Organics em San Benito Valley — e não nas demais, os inspetores encontraram correspondência com a linhagem do surto em amostras colhidas na água do rio e de fezes de animais.

Quando a teoria do espinafre embalado ganhou ímpeto e o surgimento de novos casos estancou, esses intrépidos investigadores finalmente conseguiram declarar vitória ao que acabou se revelando uma guerra de 39 dias, vencida com uma inflexível determinação de uma equipe coesa. Aliás, as organizações de defesa do consumidor tornaram-se os maiores defensores desses investigadores, e a mídia um porta-voz condescendente. A comissão do Senado afirmou sua boa vontade. Vista por esse ângulo, a investigação foi uma vitória incondicional da moderna ciência epidemiológica. Na opinião de Caroline Smith DeWaal, do Centro de Ciências de Interesse Público: "Tomar medidas precoces é bom", porque a retirada do espinafre do mercado evitou "centenas de outros casos".

Mas a falta de escrutínio das organizações de defesa do consumidor, particularmente nos primeiros estágios, parece ter se demonstrado um equívoco depois que a FDA divulgou seu relatório final em março de 2007. Contrariamente à afirmação de DeWaal, não sabemos quantas vidas — **se alguma** — foram salvas com a retirada do produto do mercado. Como sempre, o início real da doença precedeu o momento em que os pacientes deram entrada nos hospitais ou em que os casos foram divulgados; a primeira infecção foi divulgada em 19 de agosto. Por volta do dia 4 de setembro, já haviam sido divulgados 80% dos casos, dez dias antes de a FDA apostar todas as cartas. Visto que a contaminação, de acordo coma as evidências, afetou uma única fase de produção e que o espinafre é extremamente perecível, esse surto evidentemente teria diminuído por si só. Mais importante do que isso, para avaliar o impacto real da retirada do produto do mercado seria necessário saber o que teria ocorrido se a retirada não tivesse sido instituída. Infelizmente, essa situação alternativa de não retirar o produto só poderia ter ocorrido em nossa imaginação. Portanto, era impossível, na prática, provar a declaração de DeWaal de que várias vidas haviam sido salvas. O mesmo tipo de enigma foi percebido por John Snow um século atrás, que considerou a seguinte possibilidade: "[...] como os episódios (de cólera) haviam até então diminuído antes de o uso da água ser interrompido, é impossível determinar se o poço ainda continha o veneno mórbido em estado ativo ou se, por algum motivo, a água já havia se livrado dele." Essa incapacidade de avaliar o impacto de uma política pública serviu para aumentar ainda mais o potencial de riscos, especialmente em caso de caros efeitos secundários.

Quanto à possibilidade de salvar algumas vidas, o cômputo final de vítimas desse surto foram três mortes e cerca de uma centena de hospitalizações. Embora não tenha sido possível averiguar o benefício percebido em relação à retirada do produto, a devastação provocada do dia para a noite em um setor com um total de vendas de 300 milhões de dólares por ano foi sentida de forma geral. Foram necessários seis meses para o setor recuperar metade das vendas de espinafre. A retirada do produto também provocou prejuízos secundários, na medida em que a venda de saladas embaladas sem espinafre sofreu uma queda de 5% a 10%. Os inocentes, como os pequenos proprietários de terra da Costa Leste, foram os que mais sofreram. O informe inicial da FDA abrangeu todo o país; restrições subsequentes à Califórnia pouco alívio deram porque os consumidores simplesmente não sabiam onde o espinafre havia sido cultivado.

As organizações de defesa do consumidor apregoam que é melhor prevenir do que se arrepender. Antes de concordar com isso, dê uma olhada na seguinte lista de alimentos (Tabela 2.1):

Manjericão	Suco de legumes	Ovos	Melão
Repolho	Suco de laranja	Leite	Sorvete
Cebolinha	Framboesa	Tomate	Amêndoa
Alface	Frango	Melão cantalupo	Creme de amendoim
Salsa	Carne moída	Uva verde	Maionese
Ervilha	Frutos do mar	Manga	Água

Tabela 2.1

Todos esses alimentos já foram vinculados a surtos (não estamos nem falando de casos esporádicos). Mais de 73.000 norte-americanos contraem a O157:H7 anualmente. Se a FDA sempre apostasse todas as fichas, não sobrariam muitos alimentos à mesa! Ao expressar sua preocupação com relação a agências regulatórias extremistas, John Baillie, proprietário rural de Salinas, não envolvido com essas epidemia, faz o seguinte lamento: "Não podemos meramente dizer 'Vamos lançar uma flecha para ver o que é que acertamos'; isso é simplesmente injusto."

Além disso, só depois se revelou que estavam ocorrendo surtos simultâneos em Manitowoc. No grupo inicial de cinco casos, um foi provocado por espinafre contaminado e outros quatro, que não correspondiam com a linhagem do surto, foram vinculados à contração da bactéria na feira agropecuária. Um cético defenderia que a retirada do espinafre transformou cinco pacientes de Wisconsin em uma nação de consumidores aterrorizados e que isso seria mais uma evidência de reação exagerada do que de uma medida de proteção ao consumidor. Será que confiamos cegamente na FDA e no CDC? Esses órgãos utilizam alguma fundamentação científica para avaliar a relação causa e efeito?

A epidemiologia é um campo de rápida evolução que emprega modeladores estatísticos para solucionar quebra-cabeças da vida real. Esses modeladores desenvolvem habilidades especiais para associar causas e efeitos: eles sabem que algo aconteceu; eles querem saber por que e como. Essa missão é bem mais difícil do que parece. **As pessoas ficaram doentes. Elas comeram espinafre. Então, o espinafre é o responsável**. Leia novamente. Não há motivo para que a última frase siga-se às duas primeiras. E se elas também tivessem comido alface? A causa não poderia ter sido a alface, e não o espinafre? Pior: não seriam a alface e o espinafre os responsáveis? (Ainda pior: será que elas não comeram espinafre depois que haviam adoecido por outro motivo qualquer?) O fato de essas duas primeiras frases poderem ser ambas verdadeiras **e** estarem dissociadas torna a identificação da causa um empreendimento enganoso. Existem poucos caminhos certeiros, mas inúmeras direções erradas.

O cenário é tão confuso que os "detetives da saúde" têm de negociar. Eles não têm escolha. Descobrir a causa das doenças é a essência e a meta suprema dessa linha de trabalho. Não é possível aceitar nada menos, porque um erro de cálculo pode devastar a economia e a confiança do consumidor. Como vimos, a contagem de casos aumentou dia a dia e não foi encontrada uma evidência incontestável. Se esses investigadores não tivessem tido sorte e estivessem perseguindo pistas falsas, a demora na identificação da fonte poderia ser fatal. Nesse caso, apenas quando se confirmou que o espinafre era de fato a causa do surto é que eles puderam dar um suspiro de alívio.

Tal como os estatísticos, os epidemiologistas desenvolveram uma aguçada percepção sobre as limitações que a estatística apresenta. Isso não quer dizer que eles duvidem de seu próprio poder. Apenas que são suficientemente espertos para procurar evidências corroborativas junto aos microbiologistas, inspetores agrícolas, pacientes e muitas outras fontes além da estatística. O "não foi inventado aqui" não é uma barreira ao progresso. Desde a década de 1990, a descoberta de técnicas laboratoriais para comparar impressões digitais de DNA reforçou evidências de campo que associavam gêneros alimentícios a fezes infectadas. Os laboratórios descobriram uma intrincada pista de auditoria, que se estendia das propriedades da Mission Organics na Califórnia aos domicílios espalhados pelo país, rastreando a linhagem de *E. coli* em águas e excrementos e em folhas de espinafre e amostras de fezes. Quando Melissa Plantenga escolheu o espinafre entre os 450 candidatos, depois de conduzir horas de entrevistas detalhadas com os pacientes, era apenas um palpite baseado em estatísticas, ainda que de peso. O acúmulo de evidências de várias fontes resolveu a questão. De modo semelhante, no dia 19 de agosto, os investigadores confirmaram *in vivo* o início do surto: baseando-se em descobertas epidemiológicas, eles perceberam que nenhum paciente que havia ficado doente antes dessa data lembrara-se de ter consumido espinafre fresco embalado, e com base nos resultados laboratoriais eles notaram que nenhum DNA de *E. coli* nas amostras clínicas coletadas antes dessa data apresentava correspondência com a da linhagem do surto. A epidemiologia produziu conjecturas fundamentadas; o trabalho laboratorial testou sua plausibilidade.

O papel fundamental do raciocínio estatístico não pode ser subestimado. Pense no papel indispensável das redes de compartilhamento de informações do CDC na investigação sobre o surto provocado pelo espinafre. A PulseNet interliga os laboratórios públicos de saúde e mantém um banco de dados nacional de impressões digitais de DNA de patógenos de origem alimentar. A OutbreakNet interliga os epidemiologistas que compartilham novidades e conhecimentos locais. A FoodNet, que compreende os departamentos de saúde estaduais, compila estatísticas sobre tendências gerais, como taxas de contato com alimentos. Essa infraestrutura, criada na década de 1990, possibilitou que os inspetores da saúde ganhassem confiança nos números associando observações de vários lugares em nível local. A moderna ciência das redes supera de forma inteligente, mas simples, o desafio extremamente intimidador da dificuldade de obter determinadas informações, em especial no início de um surto, quando pode haver apenas um paciente e quando ainda é necessário difundir as notícias locais. Como explicou John Besser, gerente de laboratório de Minnesota: "A PulseNet foi o maior avanço, por ter aumentado a especificidade das definições de caso. Agora podemos ver as correlações que antes provavelmente não víamos, e isso revolucionou a área de segurança alimentar." Lembre-se do momento tenso em que as autoridades do Oregon e de Wisconsin correlacionaram suas hipóteses durante uma teleconferência com o CDC.

    A inovação mais extraordinária é o **estudo de caso-controle**. Os "controles" oferecem parâmetros com base nos quais é possível avaliar os "casos". Em nosso exemplo, os casos eram os pacientes de *E. coli*; os controles eram uma amostragem de pessoas que não foram infectadas mas que em outros sentidos apresentavam alguns parâmetros de alguma maneira comparáveis, como idade, renda ou etnia semelhante. Por meio das entrevistas, o Estado do Oregon descobriu que em quatro dos cinco casos houve consumo de espinafre. O valor de 80% deve ser avaliado no contexto apropriado. Se 20% dos controles também tivessem consumido espinafre, isso seria extremamente significativo, mas se 80% dos controles também tivessem consumido espinafre, isso pareceria insignificante. Tal estatística é a diferença entre ter pouca coisa e não ter absolutamente nada. Por esse motivo, é mais fácil identificar problemas com alimentos menos populares, como ostras cruas, do que com alimentos comuns. Pesquisadores mais experientes utilizam controles **emparelhados**: o grupo de controle é recrutado entre os não-infectados para correlacionar suas características com as dos infectados. Visto que 70% dos casos de *E. coli* afetaram mulheres, os investigadores poderiam reproduzir esse desequilíbrio de gênero ao recrutar os controles para as entrevistas.

    Curiosamente, no caso do espinafre, nossos detetives pegaram um atalho. Em vez de entrevistar os controles, eles utilizaram toda a população do Oregon. (Isso estava correto porque o objetivo de usar controles era estabelecer uma base de referência.) Eles conseguiram essa proeza graças à presciência da FoodNet, que havia conduzido pesquisas de larga escala para avaliar a porcentagem de norte-americanos que consomem diferentes alimentos regularmente. De acordo com o atlas da FoodNet de contato com alimentos, um em cada cinco habitantes do Estado do Oregon consome espinafre semanalmente. Comparado a esse número, a taxa de 80% de ingestão de espinafre entre os casos infectados parecia extraordinária. Com poucas estatísticas, o dr. Keene percebeu a dimensão dessa diferença. Se sua equipe tivesse entrevistado cinco pessoas escolhidas de maneira aleatória, uma delas provavelmente mencionaria espinafre embalado à Plantenga. A probabilidade de quatro, numa amostra de cinco, era inferior a 1%. E foi aí que eles extraíram a hipótese do espinafre.

O estudo de caso-controle foi concebido na década de 1950 por Bradford Hill e colegas para provar que o tabagismo provoca câncer de pulmão. Hill era também conhecido por seus nove "pontos de vista" ou critérios sobre causa e efeito, que ainda hoje continuam influenciando o raciocínio epidemiológico. A meu ver, a investigação acerca do espinafre satisfez seis desses pontos de vista:

Os nove pontos de vista de Hill

Utilizados
1. Sólida associação.
2. Consistência entre pessoas, espaços geográficos, tempo.
3. Especificidade: uma causa, um efeito.
4. Precedência da causa em relação ao efeito.
6. Plausibilidade biológica.
7. Coerência com o que já se conhece.

Não utilizados
5. Dose mais alta, resposta mais intensa.
8. Evidência experimental.
9. Analogia.

Com base em Hill, várias gerações de epidemiologistas reconheceram que, sem um esforço descomunal e meticuloso, qualquer declaração de causa-efeito será tênue. Pelo fato de nenhum modelo estatístico conseguir capturar a verdade na natureza, esses estatísticos lutam para atingir uma meta mais modesta: criar modelos adequados para compreender e controlar as doenças. Nesse sentido, eles saíram vitoriosos. O *New England Journal of Medicine* proclamou que a "utilização da estatística" foi um dos avanços mais importantes da medicina no século XX, junto com outras que não podem ser esquecidas, que abrangem a anatomia, as células, a anestesia, a genética e assim por diante. Aliás, a concepção do estudo de caso-controle, o agrupamento de informações difíceis de obter por meio de redes e a integração de descobertas estatísticas, laboratoriais e de campo contribuíram enormemente para o sucesso das investigações sobre os surtos epidemiológicos. Embora esses estatísticos admitam que os modelos estejam sempre "errados", a não ser que representem apenas conjecturas, eles têm certeza do benefício que seu trabalho oferece à sociedade. Eles conseguem reconhecer a virtude de estar errado.

~####~

Os avanços vitais obtidos pelos estatísticos que trabalham com epidemiologia nos impressionam quando nos damos conta dos desafios que eles enfrentam todos os dias:

- Quantidade mínima de dados (os julgamentos se fiam em menos de dez casos).
- Urgência (as pessoas estão morrendo).
- Informações incompletas (algumas pessoas dizem que não se lembram).
- Informações não confiáveis (as pessoas costumam imaginar coisas).
- Necessidade de encontrar a causa (essa busca oferece várias oportunidades de erro).
- Consequência dos erros (isso não precisa de explicações).

O campo de atuação desses estatísticos não é a norma. Outros estatísticos já convivem com circunstâncias mais flexíveis:

- Grande quantidade de dados (eles analisam milhões de casos, literalmente).
- Tempo suficiente (as conclusões são testadas e aprimoradas repetidamente).
- Interesse exclusivo por padrões (raramente eles se preocupam com a causa).
- Menores riscos (ninguém morre).

Abençoados por esses benefícios, os modeladores de crédito estão certos de que os fundamentos em que eles se baseiam são mais firmes do que os dos detetives da saúde. Em consequência disso, são tomados de surpresa quando seu trabalho é vigorosamente ridicularizado e sua profissão continuamente criticada pelas mesmas organizações de defesa do consumidor que abraçam a epidemiologia. A história desses estatísticos é contada em seguida.

~####~

Num dia como outro qualquer, Barbara Ritchie levou seus três filhos ao treino de futebol em sua segura *minivan*, da marca Toyota. Enquanto os filhos jogavam, ela ligou para GEICO (uma companhia de seguro) para perguntar sobre o desconto de seguro multicarro que a empresa oferece, visto que seu marido, George, estava procurando um novo sedã para comprar. Depois do treino, com os filhos aos berros um com o outro no banco de trás, Barbara parou na Blockbuster para pegar alguns filmes da Disney. Pagou a conta com seu Visa e lembrou-se de que deveria pagar a fatura do cartão de crédito na data devida. Em seguida, entraram na Costco, abarrotada de gente, para comprar material escolar para o ano escolar que se iniciava. Ela utilizou seu novíssimo cartão American Express, muito contente com a possibilidade de a taxa anual inicial de 4,99% cortar os juros pela metade. No final da tarde, já de volta à sua casa de dois pavimentos, entrou no *site* do time de futebol dos filhos para solicitar novos uniformes para a nova estação. Praticamente todas as crianças haviam comprado o novo uniforme, de modo que ela não poderia mais esperar, mesmo se tivesse de pagar uma pequena fortuna. Por que não dividir o débito em seis vezes com o novo cartão de crédito?

Os Ritchie representam uma pequena fatia dos norte-americanos, imaginativamente chamados de "Kids and Cul-de-Sacs"* pela Claritas, empresa de pesquisa de mercado. Esse segmento demográfico ganhou proeminência nacional no final da década de 1990 com a máxima *soccer moms* utilizada pelos políticos, em referência às mães admiráveis que ficam em casa e administram a vida doméstica com precisão e criam os filhos com total dedicação. O estilo de vida que Barbara levava era incomum algumas décadas atrás. Você sabe por que a concessionária da Toyota a deixou sair da loja com uma *minivan* de 30.000 dólares sem precisar deixar nenhum centavo? (É claro que eles temiam que ela pudesse cruzar a fronteira do estado e desaparecer.) E no caso da GEICO, por que essa empresa conduz seus negócios estritamente pelo telefone? (É claro que eles pelo menos queriam conhecer Barbara e George para ter certeza de que eram motoristas sensatos.) A companhia hipotecária em questão de minutos aprovou uma solicitação *on-line* de 400.000 dólares de empréstimo feita pelo casal. Quer saber por quê? (Sem a hipoteca, os Ritchie quase certamente teriam mudado para uma casa mais modesta.) A Costco "pré-aprovou" um cartão de crédito para Barbara sem que ela ao menos demonstrasse interesse. Você consegue imaginar como isso ocorreu? (Sem o cartão da loja, seus filhos com certeza teriam de usar o uniforme de futebol antigo por mais uma temporada.) Essas conveniências são produtos que Tim Muris, ex-presidente da FTC (Federal Trade Comission), apelidou de "o milagre do crédito instantâneo": hoje, nos Estados Unidos, muitas pessoas podem tomar empréstimos em questão de minutos, sem entrevistas invasivas nem referências pessoais, sem entrada, sem caução. O crédito ao consumidor, se antes era um privilégio, passou a ser um direito. É como se houvesse

---

* Em referência à classe média-alta de casais com filhos que moram em bairros residenciais afastados, com um estilo de vida invejável. Esse segmento é um refúgio para profissionais com nível superior. *Cul-de-Sacs* é uma expressão francesa que significa rua sem saída. (N. da T.)

um ávido emprestador a cada esquina só para o caso de querermos gastar algum dinheirinho. Isso nem sempre foi assim. E na maioria dos outros países ainda não é assim, mesmo nos altamente industrializados.

"Esse 'milagre' (do crédito instantâneo) só é possível por causa do nosso sistema de relatório de crédito", detalha Muris. Não é um exagero dizer que nosso bem-estar financeiro depende de um número entre 300 e 850. Esse número, popularmente chamado de "pontuação de crédito", é um resumo do relatório de crédito, que contém um histórico detalhado de nossos empréstimos e pagamentos. Por exemplo, quanto dinheiro já tomamos emprestado, quanto pagamos de volta, se nossos empréstimos ficaram atrasados, que tipo de empréstimo temos e assim por diante. Esses três dígitos têm um poderoso efeito. As companhias hipotecárias, as companhias de cartão de crédito, as companhias de seguro residencial e de automóveis, outros emprestadores e até mesmo os locadores, os empregadores e as operadoras de telefonia celular fiam-se nas pontuações de crédito para escolher clientes, estabelecer preços ou ambos.

A FICO (Fair Isaac Corporation), empresa que inventou a pontuação de crédito na década de 1960, de um humilde começo saltou para uma empresa de 825 milhões de dólares. Os concessores de empréstimo foram os primeiros a subir a bordo. Mesmo nas melhores conjunturas, alguma porcentagem dos clientes da FICO deixa de pagar suas dívidas por diversos motivos, como negligência, dificuldade financeira e fraude. Um número demasiado grande de pessoas interrompe o pagamento e os concessores abrem falência. Se a probabilidade de inadimplência fosse igual para todos os clientes, o empréstimo não passaria de um empreendimento arriscado; o que o torna uma atividade distinta é que alguns tomadores de empréstimo apresentam "riscos" menores do que outros. O empresador bem-sucedido explora essa estrutura de mercado exigindo juros mais altos daqueles que apresentam risco elevado ou então evitam todos eles. Isso parece extremamente simples. **Então, qual é a cilada?** Reconhecer os que apresentam riscos elevados quando já se concedeu o empréstimo é tarde demais. Desse modo, os concessores têm de barrar os clientes com "capacidade creditícia" logo à porta. Tal como os detetives da saúde, eles precisam dominar a fundo a habilidade de fazer conjecturas.

Antes de a FICO mudar o jogo, a decisão de conceder crédito era uma arte, transferida do mestre ao aprendiz: conhecer a **personalidade** do solicitante, avaliar sua **capacidade** de reembolsar a dívida, estipular uma **garantia adicional** para assegurar o empréstimo. Os segredos dessa atividade consistiam em regras empíricas extremamente cautelosas. Cada uma das regras referia-se a uma característica já conhecida para que refletisse a capacidade creditícia ou a falta dela. Ter se mantido em um emprego por vários anos era considerado um traço favorável, ao passo que os locatários eram considerados menos desejáveis do que as pessoas que tinham casa própria. Ao examinar a ficha de um solicitante, os analistas de crédito avaliavam se o tomador apresentava um bom risco contrabalançando as características positivas e negativas. É possível visualizar melhor essas diretrizes com um enunciado **"se-então"**:

SE o solicitante for pintor, encanador ou colocador de papel de parede
ENTÃO rejeite

SE o solicitante já faliu alguma vez
ENTÃO rejeite

SE o pagamento total da dívida do solicitante for superior a 36% de sua renda
ENTÃO rejeite

    Com o passar do tempo, os concessores de empréstimo foram concebendo e refinando um conjunto de regras. O passado deveria predizer o futuro. O concessor que já havia tido prejuízo com pintores, presumia que outros pintores teriam um comportamento semelhante. Embora imperfeitas, essas diretrizes sobreviveram ao tempo e foram beneficiadas pela sabedoria acumulada. Como um vinho de alta qualidade, elas ficaram boas com o tempo. A perfeição era inalcançável porque o comportamento humano é complexo. Duas pessoas nunca apresentavam inteira correspondência. Pior, a mesma pessoa podia agir diferentemente em duas ocasiões. Portanto, alguns empréstimos aprovados inevitavelmente não foram saldados, ao passo que alguns solicitantes rejeitados procuraram os concorrentes e entraram na lista dos clientes estimados. Ao final do ano, os analistas de crédito eram avaliados pela porcentagem de empréstimos concedidos e não pagos. Essa diretriz os incentivou a aceitar apenas pessoas cujo sucesso era incontestável e a recusar qualquer caso duvidoso. Ao estender menos crédito às pessoas mais merecedoras, eles fizeram com que o crédito ficasse apertado antes do advento da pontuação. Em 1960, 7% das famílias norte-americanas tinham cartão de crédito e mais de 70% dos empréstimos bancários foram assegurados por caução.

    Em seguida, na década de 1960, uma das aplicações mais práticas e estimulantes da modelagem estatística foi introduzida. Do modo como foi concebida por Bill Fair e Earl Isaac, a pontuação de crédito FICO prognostica a probabilidade de um tomador ficar inadimplente no prazo de dois anos do empréstimo. Uma pontuação FICO mais alta indica menor probabilidade de inadimplência. Embora complexas, as fórmulas da FICO eram bem apropriadas para os computadores modernos. Por isso, a adoção das pontuações de crédito também anunciou a era da concessão de crédito automática. A facilidade para solicitar empréstimos *on-line* e a aprovação quase instantânea de empréstimos a consumidores sem garantias foram ambas fruto desses avanços. Com o tempo, a tecnologia de pontuação de crédito fascinou completamente o setor de empréstimos. **Por que ela deu certo e o que a fez ter tamanho sucesso?**

Os algoritmos estatísticos de pontuação nada mais são do que programas de computador que compilam um enorme conjunto de regras. (Não poderia ser mais do que isso, porque são concebidos por seres humanos. A partir de agora, a "inteligência artificial", o sonho com as máquinas pensantes sobre-humanas, tem de estar à altura da publicidade.) Comparada com a concessão de crédito tradicional, a pontuação de crédito é mais rápida, abrangente, adequada e barata. Uma regra "complexa" seria mais ou menos assim:

SE	Anos de emprego = 2,5 a 5,5	
E	Profissão = Aposentado	
E	Locatário ou proprietário = Locatário	
E	Anos no mesmo endereço = 0 a 0,5	
E	Tem cartão de crédito de uma bandeira importante = Sim	
E	Relacionamento bancário = Não há informações	
E	Número de pesquisas de crédito recentes = 1	
E	Saldo em conta = 16% a 30% das linhas de crédito	
E	Inadimplências anteriores = Nenhuma	
ENTÃO	Pontuação = 720	

Essa regra contém nove características. Para cada solicitante, o computador calcula os nove valores com base nas informações encontradas no formulário de solicitação e no relatório de crédito; qualquer solicitante que se adequar a essa regra recebe 720 de pontuação. Digamos que uma segunda solicitante seja semelhante a esse, com a exceção de que ela tem poupança e cinco pesquisas de crédito recentes. Ela recebe 600 de pontuação de acordo com uma regra diferente, mas análoga:

SE	Anos de emprego = 2,5 a 5,5
E	Profissão = Aposentada
E	Locatária ou proprietária = Locatária

E	Anos no mesmo endereço = 0 a 0,5
E	Tem cartão de crédito de uma bandeira importante = Sim
E	Relacionamento bancário = **Poupança**
E	Número de pesquisas de crédito recentes = **5**
E	Saldo em conta = 16% a 30% das linhas de crédito
E	Inadimplências anteriores = Nenhuma
ENTÃO	Pontuação = 660

Agora, imagine milhares e milhares dessas regras, cada uma correspondente a um tomador de empréstimo com um número de três dígitos. Mais precisamente, esse número é uma classificação de solicitantes do passado com características semelhantes às do tomador atual. A pontuação FICO é um sistema desse tipo. Os modeladores da FICO usam 100 características, agrupadas em cinco categorias abrangentes, relacionadas aqui em ordem de importância:

1. O solicitante agiu responsavelmente com empréstimos anteriores e atuais?
2. Qual é o montante devido atualmente?
3. Seu histórico de crédito tem quanto tempo?
4. Com que ansiedade o solicitante está buscando novos empréstimos?
5. O solicitante tem cartões de crédito, hipotecas, cartão de crédito de lojas de departamentos ou outros tipos de débito?

Em geral, o fato de uma pontuação superar determinado nível de corte é bem mais significativo do que qualquer pontuação individual. Se o nível de corte for 700, o senhor com 720 é aceito, enquanto a senhora com 660 é rejeitada. Os emprestadores estabelecem pontuações de corte para que uma porcentagem desejada de solicitantes seja aprovada. Eles acreditam que essa porcentagem representa uma combinação saudável de riscos bons e ruins para manter o negócio financeiramente equilibrado.

As regras coletadas pelo computador superam o desempenho daquelas concebidas manualmente: cobrem mais detalhes, facilitam as comparações mais sutis, gerando previsões mais precisas. Por exemplo, em vez de banir todos os pintores, os modelos de pontuação de crédito concedem crédito seletivamente aos pintores com base em outros traços favoráveis. O limite quanto ao número de características que a mente humana consegue manipular é pequeno, mas o computador tem o fascinante hábito de digerir tudo o que é inserido. Além disso, em cada característica, o computador normalmente insere os solicitantes em cinco a dez grupos, enquanto as regras tradicionais utilizam apenas dois. Desse modo, em vez de usar um quociente de dívida abaixo de 36%, uma regra gerada pelo computador pode dividir os tomadores de empréstimo em grupos de quociente **alto** (acima de 50%), **médio** (de 15% a 35%), **baixo** (de 1% a 14%) e Zero. Essa maior complexidade tem o mesmo efeito da divisão arbitrária de zonas eleitorais ao criar distritos eleitorais. Nos EUA, os principais partidos políticos sabem que as regras simples, baseadas em fatores como fronteira entre condados, não agrupam tantos eleitores com ideias afins quanto as fronteiras sinuosas. As novas diretrizes podem parecer ilógicas, mas seu impacto é inegável.

A pontuação de crédito automática tem a vantagem de ser consistente. No passado, diferentes empresas ou analistas da mesma empresa com frequência aplicavam regras empíricas ao mesmo tipo de solicitante. Por isso, as decisões de concessão de crédito pareciam confusas e, algumas vezes, contraditórias. Em contraposição, os modeladores de pontuação de crédito predeterminam um conjunto de características segundo as quais todos os tomadores de empréstimo são avaliados, para que nenhuma característica predomine na equação. Em seguida, o computador atribui uma classificação a cada solicitante, levando em conta a importância de cada característica. Em tempos passados, os analistas determinavam às pressas um peso relativo, de acordo com critérios próprios; hoje em dia, os computadores da FICO examinam vários bancos de dados para determinar pesos mais precisos. Nesses aspectos, a pontuação de crédito é justa.

Era necessário transcorrer gerações e mais gerações para que se ajustasse uma regra simples como: **"Não conceda empréstimos a pintores"**; os computadores podem fazer esse trabalho em menos de um segundo porque são excelentes para executar tarefas repetitivas, do tipo tentativa e erro. Essa extrema eficiência é adequada para descobrir, monitorar e refinar milhares e até milhões de regras. Além disso, com os computadores, os emprestadores podem rastrear o resultado de cada decisão de empréstimo, e não apenas o desempenho geral de uma carteira inteira, o que facilita a realização de um diagnóstico mais preciso sobre o motivo pelo qual algumas decisões azedam. O ciclo de *feedback* é mais curto. Portanto, as regras mais ineficazes são eliminadas rapidamente.

Os primeiros adeptos obtiveram ganhos imediatos e expressivos dos sistemas estatísticos de pontuação. Um analista de empréstimo experiente levava em torno de 12,5 h para processar uma solicitação de empréstimo para uma pequena empresa; nesse mesmo espaço de tempo, um computador classifica 50 solicitações. Nesse mundo, não é de surpreender que Barbara Ritchie tenha conseguido com tão poucos aborrecimentos um empréstimo para comprar um automóvel — mais de 80% das aprovações de empréstimo para compra de automóveis ocorrem no prazo de uma hora e quase um quarto dos empréstimos é aprovado em dez minutos. Nesse mundo, não é de surpreender que Barbara Ritchie tenha um cartão de crédito da Costco — os balconistas podem abrir novas contas em menos de dois minutos. Graças à pontuação de crédito, o custo para processar uma solicitação de cartão é 90% menor e o custo para conceder uma hipoteca diminuiu pela metade.

Em resposta, os emprestadores provocaram um aumento gradativo de 25% na capacidade de processamento, aprovando um número bem maior de empréstimos. Consequentemente, o advento da tecnologia de pontuação de crédito coincidiu com a explosão de crédito ao consumidor. Em 2005, as famílias norte-americanas tomaram de empréstimo 2,1 trilhões de dólares, excluindo as hipotecas, um salto sêxtuplo em 25 anos. Isso, por sua vez, estimulou o consumo, visto que o crédito permitiu que os norte-americanos gastassem sua renda futura em necessidades do presente. Hoje, os gastos domésticos são responsáveis por dois terços da economia norte-americana; acredita-se, em grande medida, que os consumidores vorazes tenham tirado os EUA da recessão de 2001. Curiosamente, essa maior capacidade de processamento não diminuiu a qualidade: a taxa de perdas dos novos empréstimos revelou-se **menor** ou igual à da carteira existente, tal como os modeladores determinaram. Além disso, todos os estratos socioeconômicos usufruíram dessa prosperidade: entre as famílias com renda abaixo de 10%, a utilização de cartões de crédito aumentou quase 20 vezes, de 2% em 1970 para 38% em 2001; entre as famílias afro-americanas, mais do que duplicou, de 24% em 1983 a 56% em 2001.

Antes de as companhias de cartão de crédito adotarem totalmente as pontuações de crédito, na década de 1980, elas visavam apenas aos abastados; em 2002, cada família tinha em média dez cartões de crédito, sustentando 1,6 trilhão de dólares em vendas e 750 milhões de dólares em empréstimo. Durante a década de 1990, as companhias de seguro subiram a bordo, seguidas das companhias hipotecárias. A partir de 2002, os fornecedores de quase todos os cartões de crédito, 90% dos financiamentos de veículo, 90% dos empréstimos pessoais e 70% das hipotecas passaram a utilizar as pontuações de crédito no processo de aprovação. Setor após setor, depois que a pontuação de crédito entrou porta adentro, parece que ela veio para ficar. O que a torna tão atraente?

Os modelos de pontuação de crédito classificam a capacidade creditícia dos solicitantes, possibilitando que os usuários diferenciem os riscos bons dos ruins. Essa possibilidade de selecionar os clientes, contrabalançando os riscos bons e ruins, é crucial para muitos setores. O setor de seguros não é exceção. As pessoas que tendem a solicitar mais **indenizações** — digamos, os motoristas **imprudentes** — são mais propensas a querer adquirir seguro porque sabem que aqueles que não solicitam indenização na realidade subsidiam aqueles que solicitam. Se uma seguradora aceita um número demasiado grande de **riscos ruins**, os bons clientes vão fugir, e a empresa vai titubear. Na década de 1990, as companhias de seguro perceberam que as pontuações de crédito poderiam ajudá-las a gerenciar os riscos. Para compreender como essa tecnologia conseguiu destacar-se nos segmentos de negócio, vamos dividir os adeptos em **incluídos** (aqueles que usam a pontuação) e **não incluídos**. Graças à pontuação, o primeiro grupo seleciona os riscos bons com eficiência. Como os tomadores de empréstimo que oferecem maior risco são rejeitados, eles procuram os não incluídos. Em pouco tempo, os não incluídos percebem que sua porcentagem de perdas piorou. Os não-incluídos mais perspicazes identificam o motivo; eles implementam a pontuação para nivelar o campo de jogo, tornando-se, portanto, incluídos. À medida que mais e mais empresas transformam-se em incluídos, os não-incluídos percebem efeitos cada vez piores e, mais dia menos dia, todos se convertem. Reconhecendo esse efeito dominó, Alan Greenspan certa vez fez a seguinte observação:

> *"As tecnologias de pontuação de crédito serviram de alicerce para o desenvolvimento de nossos mercados nacionais de crédito ao consumidor e hipotecário, possibilitando que os emprestadores formassem carteiras de empréstimos altamente diversificadas que diminuíram de maneira significativa o risco de crédito. Além disso, a utilização dessa tecnologia ampliou-se tremendamente em relação a seu propósito original, que era avaliar o risco de crédito. Hoje, elas são empregadas para avaliar a lucratividade ajustada ao risco dos relacionamentos bancários, para estabelecer os limites de crédito inicial e progressivo disponíveis para os tomadores de empréstimo e para assessorar uma série de atividades no serviço de empréstimo, incluindo detecção de fraudes, intervenção por inadimplência e atenuação de prejuízos. Essas várias aplicações foram fundamentais no sentido de promover a eficiência e expandir o escopo de nossos sistemas de informações de crédito e possibilitar que os emprestadores ampliassem a população que estão dispostos e aptos a atender proveitosamente."*

Mas é possível contar essa história de uma forma diferente.

Para os grupos de defesa do consumidor, a pontuação de crédito é um lobo em pele de cordeiro: sua difusão é uma tragédia nacional e a ciência por trás dela é fatalmente imperfeita. Birny Birnbaum, do Centro de Justiça Econômica, advertiu que a pontuação de crédito provocará o **"fim dos seguros"**. Chi Chi Wu, do Centro Nacional da Lei do Consumidor, advertiu que a pontuação de crédito está "custando bilhões aos consumidores e perpetuando a divisão econômico-racial". Norma Garcia, falando em nome da Associação de Consumidores, declarou: "Os consumidores estão sob fogo cruzado". A torrente de censuras é tal que a *Contingencies*, uma publicação do ramo atuarial, falou sobre a necessidade de nos adaptarmos a uma "vida sem pontuações de crédito". Em virtude da inexorável pressão dos grupos de defesa do consumidor, a partir de 2004 pelo menos 40 Estados aprovaram leis que restringem a utilização da pontuação de crédito. Alguns Estados, incluindo Califórnia, Maryland e Hawaí, impediram as companhias de seguros residenciais e de automóveis de empregar essa tecnologia. A FTC promoveu uma emenda na lei norte-americana de relatório de crédito justo (Fair Credit Reporting Act) em 1996 e novamente em 2003. Não passa um ano sem que algum legislador realize audiências sobre o assunto. Essas assembleias são como um circo ambulante de quatro atos; os mesmos quatro temas básicos se repetem vezes e vezes sem fim:

1. Proibir ou censurar severamente a pontuação de crédito porque os modelos estatísticos são imperfeitos. Pior, eles insultam as minorias e as famílias de baixa renda com pontuações mais baixas.
2. Proibir ou censurar severamente a pontuação de crédito até que os relatórios de crédito contenham informações precisas e completas sobre os consumidores. Problemas com os dados estão fazendo com que vários consumidores paguem taxas de empréstimo e seguro mais altas.
3. Exigir que as empresas de pontuação de crédito abram a "caixa-preta" que armazena as regras de pontuação exclusivas da empresa. Os consumidores têm o direito de inspecionar, contestar e corrigir suas pontuações de crédito.
4. Conduzir mais estudos ou audiências para buscar o modelo perfeito de comportamento do consumidor. Essas pesquisas devem se concentrar em estabelecer relações de causa e efeito ou avaliar impactos discrepantes sobre os destituídos.

Muitas vezes as pessoas que criticam a pontuação de crédito começam e terminam com a história de horror do consumidor defraudado. James White entrou para essa lista em 2004, depois que sua seguradora aumentou sua taxa em 60%. Ele ficou sabendo que sua pontuação de crédito havia sido substancialmente rebaixada por causa de 12 pesquisas de crédito recentes (cinco vezes acima da média nacional de 2,4). Essas pesquisas foram feitas quando alguém solicitou seu relatório de crédito, e à época White estava procurando adquirir um financiamento residencial, um empréstimo para compra de automóvel e um cartão de crédito. Os críticos reclamam que os emprestadores que inspecionaram o relatório de crédito de White não poderiam ter provocado uma **altera-**

ção em sua capacidade creditícia. Desse modo, era um absurdo os modeladores relacionarem ambos. Ampliando essa linha de raciocínio, eles afirmaram que os modelos de pontuação devem empregar apenas as características que têm uma relação de causalidade comprovada com a incapacidade de reembolsar os empréstimos. Para eles, prever o comportamento das pessoas é análogo a explicar a origem das doenças.

Em resposta, os modeladores de crédito sustentam que eles nunca procuraram encontrar as causas; os modelos identificam traços pessoais que são firmemente **correlacionados** com o comportamento de inadimplência. A correlação descreve a tendência de duas coisas moverem-se ao mesmo tempo, na mesma direção ou em direções opostas. No caso de James White, o modelo observou que, ao longo da história, os tomadores de empréstimo cujas pesquisas de crédito haviam aumentado repentinamente eram bem mais propensos a deixar de pagar do que aqueles que não apresentavam esse dado. É bem provável que uma coisa não tenha afetado diretamente a outra.

Aliás, nos guiarmos pela correlação é vital para a nossa experiência cotidiana. Imagine que John, caminhando com dificuldade pela neve a cinco passos de distância de você, escorregue ao virar a esquina. Em seguida, Fulano, Beltrano e Sicrano escorregam também. Com astúcia, você vira para a esquerda e não escorrega. Você poderia ter tentado localizar essa camada fina e escorregadia de gelo, mas não o fez. Você presume que seguir adiante significa escorregar na certa. Você se guia por essa correlação, que lhe evita o tombo. De modo semelhante, quando o dia parece escuro, você leva consigo o guarda-chuva. Você não estudou meteorologia. Antes de se mudar com a família para um "bom distrito escolar", você procura verificar qual é a pontuação aplicada pelo teste padronizado. Você não examina se as boas escolas contratam professores mais qualificados ou se apenas admitem alunos mais inteligentes.

Como alguém consegue viver sem os modelos correlacionais? Se você parar para pensar, verá que os computadores agem como os analistas de crédito de ontem. Se eles tivessem percebido a correlação entre as pesquisas de crédito e a inadimplência, a teriam utilizado também para desqualificar os solicitantes de empréstimo.

A causalidade não é apenas desnecessária para esse tipo de decisão. Ela é também inalcançável. Nenhuma lei física nem biológica governa com precisão o comportamento humano. Por natureza, os seres humanos são emocionalmente instáveis, petulantes, imprevisíveis e adaptativos. Os estatísticos constroem modelos para se aproximar da verdade, mas reconhecem que nenhum **sistema consegue ser perfeito**, nem mesmo os modelos causais. Algumas vezes, eles veem coisas que não existem e, tomando emprestada a linguagem dos prospectos de fundo mútuo, o desempenho passado talvez não se repita. Para alívio de seus criadores, os modelos de pontuação de crédito durante décadas resistiram ao teste do mundo concreto. As correlações que definem esses modelos continuam existindo, e a confiança que temos nelas cresce diariamente.

Outra queixa comum se encaminham para os relatórios de crédito, que são considerados imprecisos e com frequência incompletos. Erros de digitação, identidade errada, fraude de identidade, entradas duplicadas, cadastro desatualizado e falta de informação são erros comuns. Segundo os críticos, como o lixo que entra tem de equivaler ao lixo que sai, quando se inserem dados "sujos" no computador, o resultado inevitável só pode ser uma pontuação de crédito da qual se deve desconfiar...

Ninguém duvida da complexidade inerente da limpeza de dados; entretanto, é uma ilusão presumir que algum sistema de relatório de crédito consiga se livrar dos erros. Juntas, as três agências de crédito norte-americanas processam 13 bilhões de dados por mês; nessa base, uma taxa de erro mínima de 0,01% ainda assim significa um erro a cada dois minutos! Bem-vindo ao mundo concreto do volume maciço de dados. Os modeladores desenvolveram algumas estratégias de grande eficácia para lidar com isso. Já mencionamos que cada regra de computador contém várias características e que com frequência são em parte redundantes. Por exemplo, muitos sistemas de pontuação avaliam o "número de anos de moradia na residência atual" junto com o "número de anos no emprego atual" e "extensão do histórico de crédito". Para a maioria das pessoas, esses três traços estão correlacionados. Se um dos elementos da tríade for omitido ou impreciso, a presença dos outros dois atenua o impacto. (Com certeza, nesse caso aplica-se uma regra diferente, mas a pontuação muda apenas ligeiramente.) Em contraposição, os analistas de crédito não conseguem corrigir o processo, porque suas regras elaboradas à mão consideram uma característica por vez.

As informações imprecisas ou incompletas sempre prejudicam os consumidores? Não necessariamente: quando ocorrem erros, algumas pessoas recebem pontuações equivocamente mais baixas, enquanto outras recebem pontuações imerecidamente mais altas. Por exemplo, a agência de crédito poderia ter feito confusão entre um vizinho de James White, um certo John Brown, e um advogado corporativo de mesmo nome de Nova York. Por isso anexou o ótimo histórico de pagamento de débitos desse último ao relatório de crédito do anterior, ampliando sua pontuação de crédito e habilitando-o a obter taxas de juros menores. Por algum bom motivo, nunca se ouve falar desses casos.

Outra linha de ataque dos críticos em relação à tecnologia de pontuação de crédito defende o direito dos consumidores de confirmar e alterar suas pontuações de crédito. A pressão legislativa engendrou a lei de transações de crédito justas e precisas (Fair and Accurate Credit Transactions Act) de 2003. Por mais inócua que pareça, essa iniciativa equivocada ameaça destruir o milagre do crédito instantâneo. Nessa era de transparência, as pessoas desapontadas com as pontuações ruins passaram a bater à porta das entidades de restauração de crédito, com a esperança de uma solução rápida. Inúmeros corretores *on-line* duvidosos surgiram para ajudar os clientes a pegar carona no bom histórico de crédito de pessoas estranhas tornando-se "usuários autorizados" de seus cartões de crédito. Os clientes herdam esses históricos de crédito desejáveis, elevando sua pontuação. Isso é um roubo de identidade às avessas: os titulares de cartão com alta pontuação FICO se dispõem a alugar temporariamente sua identidade por 125 dólares por pessoa. Os corretores *on-line*, que cobram 800 dólares por conta restaurada, atuam ao estilo do mercado eBay para comprar e vender capacidade creditícia! Essa tática duvidosa distorce as pontuações de crédito, ofuscando a distinção entre os riscos bons e ruins. Diante de mais prejuízos, os emprestadores por fim teriam de recusar mais solicitantes ou elevar as taxas. Em 2007, a FICO tomou uma providência para fechar essa brecha, eliminando a característica "usuário autorizado" de suas fórmulas de pontuação. Entretanto, essa solução prejudica formas legítimas de usuário autorizado, como adultos jovens que aproveitam o histórico dos pais ou um cônjuge que reabilita o crédito do outro.

O mecanismo de pegar carona no crédito de outras pessoas, conhecido como *piggybacking*, é só um exemplo de **golpe de restauração de crédito**, que se multiplicará à medida que se disponibilizarem mais informações sobre os algoritmos de pontuação de crédito. Quando levados ao extremo, os serviços de restauração de crédito inescrupulosos prometem retirar itens negativos mas corretos e alguns bombardeiam as agências de crédito com contestações frívolas na esperança de que os credores não respondam no prazo de 30 dias, prazo após o qual essas contestações devem ser removidos temporariamente, de acordo com a lei. O problema com a transparência, com a abertura da "caixa-preta", é que as pessoas com pontuações ruins são mais propensas a procurar erros com maior assiduidade e que apenas os pontos negativos nos relatórios serão contestados ou corrigidos. Com o passar do tempo, os riscos bons obtêm pontuações inferiores às que merecem porque não se incomodam em verificar seus relatórios de crédito, ao passo que os riscos ruins obtêm pontuações superiores às que merecem porque apenas os erros benéficos se mantêm em seus relatórios. Consequentemente, a diferença entre os riscos bons e os riscos ruins pode desaparecer junto com outras características positivas associadas à pontuação de crédito. Tal consequência poderia prejudicar a maioria dos norte-americanos que respeitam as leis e que têm capacidade creditícia. Existe um perigo real de que iniciativas ostensivamente agressivas de proteção ao consumidor saiam pela culatra e matem a galinha dos ovos de ouro.

Muita retórica alarmante também foi despejada a respeito de práticas discriminatórias supostamente misteriosas na tecnologia de pontuação de crédito. Ambos os lados reconhecem que a pontuação de crédito **média** dos destituídos é inferior à da população em geral. Mas a disparidade de renda é uma realidade econômica que nenhuma quantidade de pesquisa conseguirá apagar. Os modelos de pontuação de crédito, que normalmente não usam características como raça, gênero e renda, apenas refletem a correlação segundo a qual as pessoas mais pobres são menos propensas a ter recursos para reembolsar seus empréstimos. Regras simples de outrora rejeitariam essa classe como um todo; era por isso que, originalmente, os cartões de crédito pareciam um brinquedo para os ricos. Os modelos de pontuação de crédito, por sua complexidade, na verdade aprovam alguma porcentagem de solicitantes destituídos. Lembre-se de que no passado determinados emprestadores rejeitaram todos os pintores e encanadores, mas hoje os computadores aceitam alguns deles em decorrência de outros traços positivos. A estatística confirma essa afirmação: de 1989 a 2004, as famílias que ganhavam 30.000 dólares ou menos tinham capacidade para impulsionar um aumento de 247% na contratação de empréstimo. Muitos estudos demonstraram que o acesso ao crédito ampliou-se em todos os estratos socioeconômicos desde o momento em que a pontuação de crédito teve início. Retroceder apenas reverteria essa tendência favorável.

Em sua obstinada campanha contra a pontuação de crédito, os grupos de defesa do consumidor conseguiram resultados variados até o momento. Por exemplo, a tentativa do deputado Wolens de proibir as seguradoras de utilizarem a pontuação de crédito no Texas foi frustrada. Iniciativas legislativas semelhantes fracassaram no Missouri, em Nevada, em Nova York, no Oregon e na Virgínia do Oeste. A estratégia de perseguir diretamente o fundamento estatístico provou-se insensata, tendo em vista a sólida base da ciência. A tecnologia de pontuação de crédito é incontestavelmente superior ao antigo método de concessão de crédito que utilizava regras empíricas formuladas à mão. Como ela tem sido implementada escalonadamente, está ganhando aceitação a cada dia que passa.

~####~

Neste capítulo, vimos duas inovações da estatística que provocaram um tremendo impacto positivo em nossas vidas: a **epidemiologia** e a **pontuação de crédito**. A estirpe de estatísticos conhecidos como modeladores tomou o centro do palco. **Modelo** é uma tentativa de definir o incompreensível utilizando o que se conhece. Na detecção de doenças, o modelo descreve a trajetória da infecção (para todos os casos, incluindo os não divulgados), com base nas respostas dos entrevistados, em padrões históricos e em evidências biológicas. Na pontuação de crédito, o modelo descreve a probabilidade de inadimplência com base em traços pessoais e no histórico de desempenho.

Esses dois exemplos representam duas formas de modelagem estatística; ambas podem ser extremamente eficazes, se utilizadas com cuidado. A epidemiologia é uma aplicação em que encontrar a **causa** é o único objetivo significativo. Podemos todos concordar com a probabilidade de algum mecanismo biológico ou químico provocar uma doença. Tomar medidas impetuosas com base unicamente na correlação pode solapar setores inteiros e não interromper a propagação da doença. A pontuação de crédito, em contraposição, fia-se nas **correlações** e em nada mais. É improvável que algo tão variável quanto o comportamento humano possa ser atribuído a causas simples; os modeladores especializados em investimentos no mercado de ações e em comportamento humano também aprenderam lições semelhantes. Os estatísticos dessas áreas fiaram-se, ao contrário, em saberes acumulados ao longo da história.

Os livros de Estatísticas convencionais **empacam** quando chegam ao tópico de correlação *versus* causalidade. Na posição de leitores, podemos nos sentir como se os autores nos estivessem levando para um passeio! Depois de caminhar penosamente pela matemática da modelagem de regressão, chegamos a uma seção que brada repetidamente "Correlação não é causalidade!" e **"Esteja atento às correlações espúrias!"**. O fator mais importante, nos dizem os autores, é que quase nada do que estudamos pode provar a causalidade; suas técnicas heterogêneas avaliam apenas a correlação. *Sir* Ronald Fisher, o **maior estatístico de sua geração**, ridicularizou notoriamente a técnica de Hill para associar o tabagismo ao câncer de pulmão; ele propôs que a descoberta de um gene que predispõe as pessoas tanto ao tabagismo quanto ao câncer desabonaria essa associação. (Esse gene nunca foi descoberto.) Neste livro, deixo a filosofia para os acadêmicos (eles têm debatido essa questão há décadas). Não nego que seja uma questão fundamental. Mas não é assim que se pratica a estatística. A causalidade não é a única meta que vale a pena, e os modelos que se baseiam em correlações podem ser extremamente promissores. O desempenho dos modelos de pontuação de crédito tem sido tão espetacular e sistemático que um setor após outro acaba se apaixonando por eles.

George Box, um de nossos estatísticos industriais mais proeminentes, fez a seguinte observação: **"Todos os modelos estão errados, mas alguns são úteis."** Falando francamente, isso significa que mesmo o melhor modelo estatístico não consegue representar com perfeição o mundo real. Diferentemente dos físicos teóricos, que buscam verdades universais, os estatísticos aplicados querem ser julgados por seu impacto sobre a sociedade. A afirmação de Box tornou-se um lema para os modeladores ambiciosos. Eles não estão dispostos a sobrepujar nenhum sistema perfeito na imaginação; tudo o que eles querem é criar algo melhor do que o *status quo*. Eles percebem a virtude de estar (menos) errado. A tecnologia de pontuação da FICO sem dúvida aperfeiçoou as regras empíricas formuladas à mão. Com o sortimento de técnicas modernas, como os estudos de caso-controle e a correspondência entre impressões digitais genéticas ou de DNA, o campo da epidemiologia deu um grande salto.

Embora tenham várias características em comum, os modeladores dessas duas áreas são acolhidos de maneira distinta pelos grupos de defesa do consumidor. Em termos gerais, esses grupos apoiam o trabalho dos detetives da saúde, mas desconfiam profundamente dos modelos de pontuação de crédito. Entretanto, os epidemiologistas têm de enfrentar uma tarefa mais intimidadora, que é estabelecer a causalidade com menos dados e menos tempo. E, nesse sentido, seus modelos são mais propensos a erro. É claro que compreender melhor o custo e o benefício da retirada de produtos do mercado atrairá mais o interesse do consumidor do que outro estudo sobre causalidade na pontuação de crédito. Entretanto, tenha certeza de que os modeladores estão atentos à nossa saúde e prosperidade.

Capítulo 3

Banco de itens de teste/Consórcio de compartilhamento de riscos

O *dilema de estar em um mesmo grupo*

Eu consigo definir, mas não consigo reconhecer quando vejo.
— Lloyd Bond, pesquisador em educação

Os milionários que vivem em mansões à beira-mar estão sendo subsidiados por avós com renda fixa que moram em estacionamentos para trailer.
— Bob Hartwig, economista do setor de seguros

O finado diretor executivo da Golden Rule Insurance, J. Patrick Rooney, ficou famoso na década de 1990 como **pai das contas de poupança de saúde** (*health savings account* — HSA). Em nome dessa causa política, ele gastou 2,2 milhões de dólares de sua própria fortuna e associou-se ao ícone conservador Newt Gingrich. Por longos anos foi um generoso doador para o Partido Republicano e uma voz proeminente dentro do partido. Em 1996, candidatou-se ao cargo de governador de Indiana. Nos negócios, era igualmente arguto, transformando a Golden Rule, de Indianápolis, em uma das maiores empresas de comercialização de seguros de saúde individuais. Quando Rooney vendeu sua empresa em 2003 por meio bilhão de dólares para o UnitedHealth Group, um gigante no setor, deixou uma herança inesperada de 100.000 dólares para cada funcionário da Golden Rule.

Mais do que seu sucesso comercial, foram as atividades extracurriculares de Rooney que o mantiveram na mídia. Ele já era um político independente e inconformista antes mesmo de os políticos independentes tornarem-se uma moda no cenário republicano. Tendo em vista suas opiniões políticas, não se pode dizer que Rooney fosse um defensor dos direitos civis. Em meados da década de 1970, ele percebeu que todos os seus corretores de seguros em Chicago eram brancos — não é de surpreender que a empresa tenha se esforçado ao máximo para conseguir entrar nos principais bairros negros da cidade. Ele defendia em tom persuasivo que o exame de habilitação para corretores desqualificava injustamente os negros. Rooney processou a empresa responsável pelo desenvolvimento do exame em questão, a Educational Testing Service (ETS), que é mais reconhecida como a empresa que aplica o teste de aptidão escolar SAT (*Scholastic Assessment Test*) a milhões de estudantes do ensino médio nos EUA. À época, os desenvolvedores desse teste adotaram a política "não pergunte, não diga" com relação à imparcialidade dos testes. O "acordo Golden Rule" subsequente entre a ETS e Rooney abriu caminho para o desenvolvimento de técnicas científicas para examinar e filtrar possíveis questões imparciais nos testes, em referência às questões que os examinandos brancos superavam o desempenho dos examinandos negros por uma margem considerável. Porém, como os estatísticos não estavam muito contentes com essa regra aparentemente razoável, o presidente da ETS arrependeu-se do acordo. Vejamos o motivo.

~###~

Mesmo aqueles que não compartilhavam das opiniões políticas de Rooney o consideravam adorável. Ele tinha faro para interligar, sem esforço, causas sociais, interesses próprios de locupletação e seu dever cristão. Ficou famoso como pai das contas de poupança de saúde (HSAs-heath saving accounts), que ofereciam benefícios tributários para estimular os participantes a poupar dinheiro para despesas com saúde. Imediatamente antes de o Congresso autorizar as HSAs em 2003, um acontecimento marcante, devido mais à sua astúcia política e à sua dispendiosa ação de *lobby*, Rooney vendeu a empresa de seguros da família para um gigante do setor, o UnitedHealth Group, por 500 milhões de dólares, e criou em seguida uma nova empresa, a Medical Savings Insurance (MSI), tornando-se um dos primeiros no país a vender HSAs. "Estou fazendo a coisa certa e acho que Deus ficará contente com isso", tão satisfeito que, "quando eu morrer, gostaria que Ele me acolhesse", anunciou Rooney. Quando lhe perguntaram por que a MSI havia adotado o hábito de pagar mal os hospitais que atendiam a seus clientes, ele argumentou: "Estamos tentando ajudar as pessoas que não conseguem se ajudar." Na sua visão, ele estava encabeçando uma luta benéfica contra práticas "vergonhosas" de executivos "pecaminosos". Os mesmos motivos, bem como a postura de abnegação e interesse em causa própria, o levaram a mover uma ação judicial contra o departamento de Seguros de Illinois e a ETS.

Em outubro de 1975, Illinois havia introduzido um novo exame de habilitação para corretores de seguros, desenvolvido pela ETS. Da noite para o dia, foi divulgado que o índice de aprovação era apenas de 31%, menos da metade do índice da versão anterior. Em Chicago, um dos gerentes regionais de Rooney ficou preocupado com a oferta de corretores negros necessária para atingir os 1,2 milhão de negros na "Cidade dos Ventos", como Chicago é chamada. Rooney sabia que Chicago era um mercado de peso para a Golden Rule Insurance. Por isso, quando ficou sabendo disso, mais uma vez tomou para si o papel de defensor da justiça social, denunciando que "o novo teste servia a todos os propósitos práticos, excluindo totalmente os negros da profissão de corretor de seguros".

O departamento de Seguros de Illinois tentou impedir a ação judicial duas vezes remodelando o exame de habilitação, elevando o índice de aprovação para 70%. Porém, como Rooney era um obstinado oponente, tinha um argumento tentador. O índice de aprovação geral ocultava uma discrepância abominável entre os examinandos negros e brancos. No exame reformulado, o índice de aprovação de negros aumentou concomitantemente ao dos brancos, mantendo a discrepância inalterada. Por fim, em 1984, ambos os lados concordaram com o assim chamado acordo Golden Rule, que exigia que a ETS conduzisse uma análise científica nos testes para garantir imparcialidade.

Embora se percebesse uma motivação comercial por trás da ação judicial de Rooney, estava claro que sua contenciosa defesa incitava a necessidade de reconsiderar seriamente a imparcialidade dos testes. As consequências se fizeram sentir bem além do setor de seguros. A ETC encabeçou a maior parte dessas novas pesquisas, cujo maior impacto incidiria sobre os testes de admissão nas faculdades e escolas de pós-graduação, porque, afinal de contas, elas eram a maior fonte de receitas da desenvolvedora e administradora sem fins lucrativos dos testes.

~###~

Como a admissão nas faculdades norte-americanas está cada vez mais concorrida, os pais se preocupam cada vez mais com o desempenho dos filhos em testes de admissão como o SAT. No bairro de Tia O'Brien, no condado de Marin, uma região exuberante exatamente ao norte da baía de San Francisco, os pais *baby boomers* com filhos em idade universitária ainda são adeptos de boas maneiras já antigas e antiquadas: "Pontuações abaixo do quase perfeito não devem ser tema de discussão na sociedade letrada." A caminho da faculdade em 2008, a filha de O'Brien integrava a maior turma até então formada na escola secundária da Califórnia, que congrega a maior população e igualmente o mais amplo e prestigiado sistema universitário público nos EUA. Para todos os lugares que olhava, O'Brien via atitudes insanas: pais apreensivos que contratavam "equipes de especialistas com táticas especiais em preparação de exames", os quais prometiam incrementar as pontuações dos alunos no teste, e pagando "assessores de imagem" para renovar a imagem dos filhos; os orientadores estabeleceram "metas de rendimento acadêmico" para várias faculdades; e os "orientadores de programas de verão" planejavam atividades para "todas as semanas do verão", como projetos de serviço comunitário, viagens ao exterior para aprender outro idioma e classes de colocação avançada.

Esses pais com padrão de comportamento tipo A têm tirado inadvertidamente os EUA de seu isolamento em relação ao resto do mundo. Em alguns países europeus e especialmente na Ásia, a falta de vagas nas universidades, aliada à dependência já de longa data em testes padronizados, fez nascer uma geração de pais obcecados que lutam para administrar os mínimos detalhes da vida dos filhos com o mesmo empenho quanto os filhos lutam para preencher expectativas irreais. Anteriormente, os EUA eram uma ilha de serenidade no mundo desabitado e vasto da corrida dos exames de admissão universitários. Hoje em dia, não é mais assim.

Em Marin, falar sobre pontuações de exame em público é **tabu**, embora seja do nosso conhecimento que a maioria dos estudantes de lá se submete ao SAT (como outros estudantes na Califórnia, onde apenas um em cada dez candidatos universitários apresenta pontuações do ACT, outro reconhecido exame de admissão universitário). Administrado pela primeira vez pela ETS em 1926, o SAT foi feito em 2007 por 1,5 milhão de alunos do último ano da escola secundária a caminho da universidade; muitos deles fizeram esse teste mais de uma vez.

A grandeza avaliada pelo SAT é nebulosa, conhecida como "potencial acadêmico" — vamos chamá-la simplesmente de habilidade —, e seus defensores, para justificar tecnicamente a aplicação desse exame, referem-se à sólida e comprovada correlação existente entre as pontuações do SAT e a futura média geral das notas da faculdade. Desde 2005, o SAT contém dez seções: três de leitura crítica, três de matemática, três de redação e uma seção "experimental". A primeira seção de todos os testes destina-se à redação, enquanto as outras nove aparecem em ordem aleatória. Os estudantes têm em torno de quatro horas para concluir o exame. Nas seções de leitura (anteriormente chamadas de questões de comunicação oral), as 67 questões estão assim divididas: completamento de frases (19 questões) e de trechos de leitura (48). Todas as questões de leitura utilizam o formato de múltipla escolha, que exige que os estudantes escolham a resposta correta entre cinco opções. Em 1994 e 2005, foram excluídos do teste os antônimos e as analogias, respectivamente. As três seções de matemática (anteriormente chamadas de questões quantitativas) contêm, ao todo, 44 questões de múltipla escolha, mais dez questões "em grade" que exigem resposta direta e substituíram as questões de comparação quantitativa em 2005. Além da redação propriamente dita, as demais seções de redação consistem em questões de múltipla escolha de gramática.

Embora o formato de cada seção do SAT seja invariável, dois estudantes podem ter diferentes conjuntos de questões, ainda que estejam no mesmo centro de teste, no mesmo momento, sentados um ao lado do outro. Esse recurso diferenciado serve para impedir a cola, mas também pode ser uma solução injusta e afetar alguns de nós. E se uma das versões do teste contiver mais questões difíceis? Um dos estudantes não estaria em desvantagem? É aí que a seção "experimental" entra para acudir. Essa seção especial pode avaliar a habilidade de leitura, de matemática e de redação e é indistinguível das outras seções correspondentes do teste, mas nenhuma de suas questões é computada na nota total do estudante. Em regra, essa seção experimental deve ser considerada uma esfera de atividade dos especialistas em psicometria — os estatísticos especializados em educação. Ao criar os testes, eles extraem questões específicas das seções de uma versão que valem nota e as inserem em uma seção experimental de outra versão. Essas questões compartilhadas formam uma base comum para avaliar a dificuldade relativa das duas versões e, portanto, ajustar as pontuações de acordo com a necessidade.

Os estatísticos têm muitas outras cartas na manga. Uma delas é fazer com que os testes se tornem imparciais, um assunto que examinaremos detalhadamente.

~###~

Perguntar se uma determinada questão do teste é **justa** é o mesmo que perguntar se ela apresenta o mesmo nível de dificuldade para grupos comparáveis de examinandos. Uma questão é considerada mais difícil se uma porcentagem menor das respostas dos estudantes testados estiver correta. Inversamente, uma questão mais fácil tem uma porcentagem maior de respostas corretas. Para tornar os testes justos, os estatísticos tentam identificar e remover s questões que favoreçam um grupo em detrimento de outro ou de outros — digamos, os brancos em relação a minorias ou os homens em relação às mulheres. Portanto, por que levou quase dez anos para a Golden Rule e a ETS firmarem um acordo sobre um procedimento operacional que atendesse à reclamação de Rooney quanto à imparcialidade dos testes? Como algo aparentemente tão simples pode ser tão difícil de pôr em prática?

Para investigar essa questão, examinemos um conjunto de itens de um teste de exemplo. Tempos atrás, todos eles foram avaliados para possivelmente serem incluídos nas seções de comunicação oral do SAT. Os primeiros quatro itens de analogia e os outros dois são de completamento de frase. Veja se você consegue descobrir quais itens se demonstraram mais difíceis para os alunos pré-universitários.

1. TRANÇA:CABELO
   A. amassar:pão
   B. tecer:fio
   C. cortar:tecido
   D. dobrar:papel
   E. moldura:quadro
2. TRUPE:BAILARINOS
   A. bando:pássaros
   B. balsa:passageiros
   C. celeiro:cavalos
   D. concessionária:carros
   E. rodovia:caminhões
3. DINHEIRO:CARTEIRA
   A. rifle:gatilho
   B. dardo:lança
   C. flecha:aljava
   D. golfe:campo
   E. futebol:trave
4. TINTURA:TECIDO
   A. tíner:mancha
   B. óleo:pele
   C. pintura:parede
   D. combustível:motor
   E. tinta:caneta
5. Em tempos passados, o general havia sido por sua ênfase em estratégias defensivas, mas foi _____ quando as doutrinas que enfatizavam a agressão caíram em descrédito.
   A. criticado . . . dispensado
   B. parodiado . . . marginalizado
   C. auxiliado . . . decepcionado
   D. rejeitado . . . inocentado
   E. glorificado . . . desprezado

6. A fim de _____ o risco de saúde provocado por um aumento na população de pombos, as autoridades colocaram na área falcões-peregrinos, _____ naturais dos pombos.
   A. reduzir . . . aliados
   B. aumentar . . . rivais
   C. privar de alimento . . . presas
   D. combater . . . protetores
   E. diminuir . . . predadores

Como havia cinco alternativas para cada questão, se todos os examinandos tivessem chutado uma resposta, ainda assim poderíamos supor que 20% teriam sorte. Os resultados reais do teste classificaram os itens do mais difícil ao mais fácil da seguinte forma:

Item 5	17% corretos (mais difícil)
Item 1	47% corretos
Item 3	59% corretos
Item 2, 6	73% corretos
Item 4	80% corretos (mais fácil)

Observe que, no completamento de frases, o item sobre estratégia de guerra (item 5) passou uma rasteira em tantos estudantes que o índice global de acerto de 17% pouco divergiu do índice de "chutes". No outro extremo, 80% dos examinandos responderam corretamente a analogia TINTURA:TECIDO (item 4). A título de comparação, a analogia DINHEIRO:CARTEIRA (item 3) revelou-se extremamente difícil.

Até que ponto essa classificação correspondeu à sua percepção? Se você teve algumas surpresas, não é o único. Mesmo os analistas com grande experiência aprenderam que prever o nível de dificuldade do item de um teste é mais fácil em teoria do que na prática. Como eles não são mais adolescentes, não conseguem mais pensar como os adolescentes. Além disso, o que acabamos de avaliar foi a dificuldade geral para a média dos examinandos; e com relação às questões que põem as minorias em desvantagem? **Nos seis itens de exemplo, três eram injustos**. Você consegue distingui-los? (Os itens injuriosos serão revelados posteriormente.)

A esta altura provavelmente já nos parece óbvio que é inútil pedir à mente humana para que descubra as questões injustas de um teste. Pelo menos grande parte de nós fomos adolescentes um dia, mas infelizmente um homem branco nunca teria a mesma experiência de vida de uma mulher negra. Foi isso que o eminente pesquisador em educação Lloyd Bond quis dizer quando parafraseou a célebre antidefinição de obsceno do juiz Potter Stewart: "Não sei definir o que é, mas sei o que é quando a vejo." Para Bond, a imparcialidade é algo que ele consegue definir (matematicamente), mas quando ele a vê não consegue reconhecê-la. Quando os estatísticos fazem pela primeira vez o exercício de distinguir um item irregular, assim como você acabou de fazer, eles também reconhecem sua derrota. A solução que eles encontram para isso é testar previamente os itens em uma seção experimental antes de incluí-los nos exames de fato; eles se abstêm do julgamento subjetivo, para possibilitar que as pontuações reais do teste revelem itens injustos. Portanto, embora o desempenho na seção experimental do SAT não afete de modo direto a nota de ninguém, ele exerce profunda influência nos itens que aparecerão nas futuras versões do teste. Pelo fato de os examinandos não saberem qual seção é experimental, os desenvolvedores do teste supõem que eles empreenderão o mesmo esforço tanto na seção experimental quanto nas demais seções.

~####~

No caso do SAT, a concepção de formatos de teste, de montagem dos itens, é uma tarefa gigantesca realizada bem longe dos olhos do examinando casual. Vários estatísticos da ETC analisam de perto os mínimos detalhes do formato do teste. Isso porque depois de décadas de experiência eles aprenderam que a estrutura do teste em si pode afetar indesejavelmente as pontuações. Eles sabem que a mudança na sequência das questões pode alterar as pontuações, se todos os outros fatores permanecerem iguais, e por isso podem substituir uma única palavra em um item, embaralhar as alternativas de resposta ou usar uma linguagem especializada. Desse modo, é necessário ter muito cuidado na seleção e organização dos itens do teste. Todos os anos, centenas de novas questões entram no banco de itens. São necessários pelo menos 18 meses para que um novo item entre de fato em um teste real. Todos os itens passam por seis a oito revisões e têm em torno de 30% de chance de não sobreviverem.

Há pessoas trabalhando em tempo integral para redigir novas questões para o SAT. Esse profissional normalmente se encontra na meia-idade, já foi professor ou gestor escolar e pertence à classe média. No mínimo, os autores do teste são extremamente dedicados ao trabalho. Chancey Jones, diretor executivo aposentado de desenvolvimento de testes da ETS, recorda-se afetuosamente de uma de suas primeiras experiências na empresa: "(Meu mentor) me disse para manter um bloco de anotações perto do chuveiro. Como era de esperar, consegui criar algumas questões enquanto tomava banho, e as anotei imediatamente.

Ainda tenho o costume de manter notas adesivas espalhadas por todos os lugares. Nunca se sabe."

Uma das principais responsabilidades de Jones era garantir que todas as questões do SAT fossem justas; mais importante de tudo, ninguém simplesmente deveria ser prejudicado pelo estilo de redação ou apresentação de uma questão do teste. Antes da década de 1980, os estatísticos agiam totalmente de acordo com o lema ético "não pergunte, não diga". Para os desenvolvedores do teste, pelo fato de não fazerem distinções raciais, seu trabalho não era influenciado pela dimensão racial e, *ipso facto*, era justo em relação a todos os grupos raciais. Demonstrando total confiança no que eles próprios criaram, enxergavam a nota do SAT como uma pura medida de habilidade, de modo que uma diferença entre duas pontuações era interpretada como uma diferença de habilidade entre dois examinandos e nada mais. Não lhes ocorreu indagar se uma possível diferença nas notas poderia ser provocada por algum item parcial. Os estatísticos supunham, portanto, que não haviam provocado mal algum; eles certamente não tinham intenção de provocar nenhum mal.

Nosso conjunto de questões de exemplo já passou por vários filtros preliminares para confirmar sua validade, antes mesmo de ser submetido a um exame de imparcialidade. Os itens não eram nem muito fáceis nem muito difíceis; se todos os estudantes — ou nenhum — soubessem a resposta correta, essa questão não teria nada a dizer sobre a diferença de habilidade entre eles. Também foram eliminados os itens matizados considerados ofensivos pela ETS, como palavras elitistas (**regata**, **polo**), termos jurídicos [**subpoena** (**intimação**), **delito**], palavras específicas de uma religião, regionalismos (***hoagie***, ***submarine****) e termos sobre fazendas, maquinário e veículos (**debulhador**, **torque**, **tirante**), mais qualquer menção a aborto, contracepção, caça, bruxaria e coisas semelhantes, todos considerados "controversos, provocadores, ofensivos ou desconcertantes" para os estudantes.

~###~

Para padronizar os testes, Rooney fez o que faria posteriormente em relação às faturas dos hospitais. Ele arrebanhou um problema do tamanho de um elefante e o soltou no meio da sala. A **disparidade entre negros e brancos** nas pontuações do teste ficou evidente na época em que as estatísticas das pontuações foram publicadas. Não era algo novo que havia aparecido depois que Rooney moveu sua ação judicial. "A diferença demonstrou-se grande em todos os estu-

---

* *Hoagie* e *submarine* são sanduíches grandes com carne e queijo, tomate, cebola, alface e condimentos. (N. da T.)

dos confiáveis a respeito de grupos representativos de estudantes em idade escolar", reconheceu o professor da Universidade de Harvard Daniel Koretz, em seu livro *Measuring Up (À Altura)*. Koretz avaliou ainda que, no melhor dos casos, a nota do estudante negro **médio** era 75% inferior à dos brancos. De acordo com a ETS, em 2006 as pontuações médias de negros e brancos no SAT foram, respectivamente, 434 e 527 em leitura e 429 e 536 em matemática.

De que forma a disparidade racial nas pontuações deve ser interpretada é uma questão extremamente desafiadora e controversa para todos os interessados. Conceitualmente, as discrepâncias entre os grupos nas pontuações dos testes podem ser provocadas por habilidades desiguais, formatos de teste injustos ou ambos. Antes do acordo Golden Rule, os especialistas em psicometria tinham certeza de que sua política "não pergunte, não diga" produzia testes justos. Portanto, em grande medida, o diferencial das pontuações podia representar uma desigualdade de habilidade. Normalmente era unânime entre os educadores a opinião de que os afro-americanos tinham menos acesso a recursos educacionais de alta qualidade, como escolas bem financiadas, professores de alto gabarito, turmas pequenas, currículos escolares eficazes e instalações modernas, uma situação que impunha uma desvantagem quanto às habilidades, o que, por sua vez, gerava essa disparidade racial nas pontuações. Rooney e os defensores de sua causa recusaram essa linha de raciocínio, defendendo que os diferenciais existentes nas pontuações eram produzidos por testes injustos, que **subestimavam** sistematicamente a verdadeira habilidade dos **examinandos negros**. Com toda probabilidade, essas duas visões extremas estavam equivocadas. Ambos os fatores contribuíam em parte para essa disparidade racial. O debate não se resolveria enquanto alguém não descobrisse uma maneira de desenredar esses dois fatores concorrentes.

~###~

Na época em que Patrick Rooney moveu ação contra a ETS, em 1976, a avaliação crítica da imparcialidade das questões dos testes era feita à mão, de maneira informal e sem critérios nem documentação. O acordo Golden Rule foi a primeira tentativa de formalizar o processo de análise de imparcialidade dos testes. Além disso, exigia que se considerasse explicitamente a raça no desenvolvimento dos testes. Rompendo com o passado, a ETS concordou em coletar dados demográficos sobre os examinandos e em divulgar relatórios regulares sobre pontuações comparativas entre diferentes grupos. Depois disso, as técnicas científicas empregadas para avaliar a imparcialidade dos testes passaram por um período de melhoria espetacular. Em 1989, os desenvolvedores da ETS de uma maneira geral adotaram a abordagem técnica conhecida como análise de funcionamento diferencial dos itens (*differential item functioning* — DIF) para ampliar o processo apreciativo tradicional.

O acordo Golden Rule, firmado em 1984 entre Rooney e Greg Anrig, ex-presidente da ETS, impôs duas condições principais de validação de todos os itens do teste: o índice geral de acerto deveria ser superior a 40% e o índice de acerto dos negros deveria ser 15% inferior ao dos brancos. Desse modo, se 60% dos brancos respondessem uma questão corretamente, pelo menos 45% dos negros também precisariam acertá-la para se classificar nesse item específico. Essas novas regras foram originalmente desenvolvidas para o exame de habilitação de corretores de seguros de Illinois, mas vários Estados começaram a investigar sua aplicação em testes educacionais e em outros tipos de teste.

Entretanto, depois de três anos, Anrig veio a reconhecer publicamente que o acordo Golden Rule havia sido um "equívoco". **Qual teria sido o motivo dessa reviravolta?**

Segundo pesquisadores, uma nova revisão científica teria colocado em xeque 70% dos itens de comunicação oral dos testes SAT anteriores que eles haviam examinado. Enquanto investigavam os vários itens considerados ofensivos, que pareciam favorecer os brancos, os desenvolvedores ficaram numa sinuca para identificar o que **havia** nessas questões que pudesse ter colocado os negros em situação desfavorável. Na prática, o método da Golden Rule gerou vários alarmes falsos: os estatísticos temiam que um grande número de questões imparciais fosse arbitrariamente rejeitado. O acordo ampliou de forma significativa a capacidade de identificar itens possivelmente parciais nos testes, mas nada fez para ajudar a identificar o motivo pelo qual esses itens eram injustos.

Considere o item 3 do nosso exemplo. Suponhamos que um número de meninos consideravelmente menor do que o de meninas acertasse a resposta (indicada pelo asterisco). O que poderia explicar essa diferença nos índices de acerto?

3. DINHEIRO:CARTEIRA
 A. rifle:gatilho
 B. dardo:lança
 C. flecha:aljava (★)
 D. golfe:campo
 E. futebol:trave

Talvez os meninos, em geral mais ativos, tivessem se sentido inclinados a escolher alternativas que mencionavam esportes populares como golfe e futebol. Talvez mais garotas tivessem se deixado iludir por lendas como a de Robin

Hood quando se depararam com palavras como **aljava**. Dez pessoas provavelmente construiriam dez histórias diferentes.

O pesquisador em educação Lloyd Bond desaprovou esse tipo de análise crítica. Uma vez ele contou uma história esclarecedora sobre quando ele e seu aluno de pós-graduação haviam revelado detalhadamente por que determinados itens de teste favoreciam um grupo de examinandos, mas para sua surpresa descobriram tempos mais tarde que haviam invertido acidentalmente a direção da preferência, e ficaram então desconcertados no momento em que tiveram de inverter os argumentos anteriores para sustentar sua opinião agora inversa. E se o item 3 de fato favorecesse os meninos em detrimento das meninas? O que explicaria essa diferença nos índices de acerto? Talvez os meninos, por serem mais ativos, percebessem a relação entre **golfe** e **campo** e entre **futebol** e **trave**, sendo, portanto, menos influenciados por esses distratores. Talvez um número menor de meninas tivesse familiaridade com termos militares como **aljava** e **rifle**. O problema é que nossa imaginação, por ser fértil, com frequência nos induz o erro. (A propósito, nos testes reais, as meninas tiveram um desempenho 20% inferior ao dos meninos no item 3.)

Se pessoas sensatas não conseguissem averiguar o motivo da imparcialidade mesmo depois que um item de teste demonstrasse uma diferença entre grupos, não haveria nenhum fundamento lógico para acusar os desenvolvedores de testes de negligência profissional. O problema dos alarmes falsos demonstrou que algumas diferenças entre os grupos não foram provocadas pelos desenvolvedores dos testes, mas por diferenças de habilidade, o que aumentou a necessidade de desvendar esses dois fatores. Daí em diante, a mera existência de alguma disparidade racial não deveria envolver automaticamente os redatores dos testes na criação de testes injustos. Embora a incursão inicial no método científico tenha se revelado uma ciência de má qualidade, ainda assim produziu alguns dados satisfatórios, pavimentando o caminho para um progresso técnico desenfreado nessa área. Em 1987, Anrig pôde voltar atrás em relação ao processo da Golden Rule porque a equipe da ETS havia conseguido dar o salto necessário no sentido de esclarecer esses dois fatores.

Em resumo, a principal sacada foi a comparação entre semelhantes. Os estatísticos aprenderam que não deveriam colocar em um mesmo grupo examinandos com níveis de habilidade distintos. Antes de computar os índices de acerto, eles passaram a comparar os alunos com habilidades similares. Os brancos com alto nível de habilidade deviam ser comparados com negros com alto nível de habilidade e os brancos com baixo nível de habilidade comparados com os negros com baixo nível de habilidade. Diz-se que um item pode favorecer os brancos somente quando os examinandos negros tendem a ter maior dificuldade em relação a esse item do que os brancos com habilidade comparável. A responsabilidade pode ser atribuída com segurança aos desenvolvedores de teste quando dois grupos com habilidade idêntica apresentam um desempenho diferente no mesmo item do teste, na medida em que o processo de correspondência tornou qualquer disparidade de habilidade um ponto discutível. Nesse sentido, com um leve toque de análise estatística, revelou-se o entrelaçamento entre esses dois fatores.

A posteriori, os estatísticos adicionaram apenas três palavras ("com habilidade comparável") ao acordo Golden Rule, e isso fez uma tremenda diferença. Anrig percebeu tardiamente que o processo falho da Golden Rule incorporava a suposição velada e insustentável de que os examinandos brancos e negros eram idênticos e, portanto, comparáveis, exceto pela cor da pele. Na realidade, os dois grupos não deviam ser comparados de modo direto, porque os negros estavam sobrerrepresentados entre os estudantes com nível de habilidade inferior e os brancos sobrerrepresentados entre os estudantes com nível de habilidade superior. Consequentemente, o índice de acerto dos examinandos brancos inclinava-se para o dos estudantes com alto nível de habilidade, ao passo que o dos examinandos negros inclinava-se para o dos estudantes com baixo nível de habilidade. Essa mistura de diferencial nos níveis de habilidade provocou uma discrepância nos índices de acerto entre os grupos — não faria diferença alguma se os negros com alto nível de habilidade tivessem um desempenho idêntico ao dos brancos com alto nível de habilidade. E, do mesmo modo, com os negros e os brancos com baixo nível de habilidade.

Foi essa inovação fundamental, conhecida como análise de DIF, que finalmente tornou factível a revisão científica sobre a imparcialidade dos testes. Hoje, os estatísticos a utilizam para demarcar um número razoável de itens suspeitos para que uma avaliação mais aprofundada. A questão que "apresenta DIF" é aquela que em que um determinado grupo de examinandos — digamos, de meninos — têm um desempenho pior do que outro grupo com habilidade semelhante. Obviamente, explicar o que provoca essa parcialidade continua sendo uma tarefa tão escorregadia quanto antes. Ao se encarregar dessa tarefa, dois desenvolvedores de testes da ETS, Edward Curley e Alicia Schmitt, aproveitaram as seções "experimentais" do SAT para testar variações nas questões verbais que antes se demonstravam injustas. Até que ponto suas teorias sobre o motivo de determinados grupos apresentarem pior desempenho eram adequadas? Será que eles poderiam neutralizar um item ruim removendo a causa da parcialidade?

Nossa lista de exemplos de itens de teste oferece algumas pistas. Na verdade, eles foram extraídos da pesquisa de Curley e Schmitt. Os resultados dos testes de aptidão reais demonstraram que os itens 1, 3 e 5 apresentavam DIF, ao passo que os três itens de número par não. (Isso bate com sua intuição?)

Primeiro, considere a analogia TINTURA:TECIDO (item 4). 80% de todos os estudantes responderam essa questão corretamente. Todos os grupos raciais tiveram um desempenho igual ao dos brancos e as meninas igual ao dos meninos.

4. TINTURA:TECIDO
    A. tíner:mancha
    B. óleo:pele
    C. pintura:parede (★)
    D. combustível:motor
    E. tinta:caneta

Uma variável desse item (4-b), em que as palavras **pintura** e **mancha** estão trocadas, também apresentou uma dificuldade mínima, com um índice geral de acerto de 86%.

4-b TINTURA:TECIDO
    A. tíner:pintura
    B. óleo:pele
    C. mancha:parede (★)
    D. combustível:motor
    E. tinta:caneta

Entretanto, verificou-se que essa variável favorecia 11% a 15% dos brancos comparativamente a todos os demais grupos raciais com habilidade comparável, um diferencial alarmante. Esse resultado confirmou a hipótese de que o significado secundário da palavra **mancha** poderia confundir os examinandos que não fossem brancos. Se o objetivo da questão fosse avaliar a identificação de relações entre palavras e não o conhecimento de vocabulário, o item 4 seria imensamente preferível ao item 4-b.

Agora, observe o item 5, que todos os examinandos consideraram extremamente difícil (17% de acerto):

5. Em tempos passados, o general havia sido _____ por sua ênfase em estratégias defensivas, mas foi _____ quando as doutrinas que enfatizavam a agressão caíram em descrédito.

A. criticado . . . dispensado
   B. parodiado . . . marginalizado
   C. auxiliado . . . decepcionado
   D. rejeitado . . . inocentado (★)
   E. glorificado . . . desprezado

Vale notar que todos os grupos raciais saíram-se tão bem quanto os brancos com habilidade comparável, mas as meninas mostraram uma desvantagem de 11% em relação aos meninos com habilidade semelhante. Os pesquisadores, acreditando que essa parcialidade decorria da analogia com conflito, tentaram mudar o contexto para a economia (item 5-b):

   5.b Antigamente, _____ por sua ênfase na preservação, o economista foi _____ quando as doutrinas que enfatizavam o consumo foram desacreditadas.
   A. criticado ... dispensado
   B. parodiado ... marginalizado
   C. auxiliado ... decepcionado
   D. rejeitado ... inocentado (★)
   E. glorificado ... desprezado

Com essa mudança no texto, a diferença entre os grupos diminuiu para 5%. Lembre-se de que esses 5% foram calculados depois que as habilidades foram compatibilizadas: na prática, isso significava que Curley e Schmitt haviam contrabalançado novamente a combinação de níveis de habilidade dos meninos para que se assemelhassem aos das meninas.

O item 1 apresentou um DIF racial incomum: a porcentagem de negros que responderam corretamente superou em 21% à dos brancos com habilidade semelhante. Uma proporção impressionante.

   1. TRANÇA (*plait*):CABELO
   A. amassar:pão
   B. tecer:fio (★)
   C. cortar:tecido
   D. dobrar:papel
   E. moldura:quadro

A posteriori, a palavra *plait* (trança) dava a impressão de que era mais comum na comunidade de afro-americanos. Os pesquisadores tentaram utilizar em seu lugar a palavra *braid* (trança) (item 1-b):

1. TRANÇA (*braid*):CABELO
   A. amassar:pão
   B. tecer:fio (★)
   C. cortar:tecido
   D. dobrar:papel
   E. moldura:quadro

A diferença entre os grupos desapareceu e, não surpreendentemente, a dificuldade geral saltou de 47% para 80% de acerto. Os redatores esforçaram-se para evidenciar que a questão havia passado por análises apreciativas antes da análise DIF, demonstrando uma vez mais como havia sido difícil identificar as questões que poderiam favorecer determinados grupos na ausência de dados sobre testes reais. Nesse caso, o fato de essa vantagem provir de um grupo minoritário criou outro desafio concreto: esse tipo de item deveria ser removido do teste? Visto que os desenvolvedores da ETS consideram "inválido" um DIF em ambas as direções, o procedimento convencional exige que ele seja removido.

Por meio de iterações de teste e aprendizagem, Curley e Schmitt validaram algumas, mas não todas as teorias usadas para explicar por que os itens apresentavam DIF; demonstraram também que, na verdade, os itens poderiam ser editados de uma maneira que desfavorecesse um grupo em relação ao outro.

Embora os EUA abriguem desenvolvedores de teste da mais alta qualidade, os pais norte-americanos só há pouco começaram a expressar uma aflição, da mais alta ordem, com as notas dos testes. **O que o futuro nos reserva?** Não seria má ideia observarmos os asiáticos. Em Hong Kong, alguns professores que dão aulas particulares aos estudantes que estão se preparando para os exames ganharam o status de *pop star*. O rosto desses profissionais está estampado nos *outdoors* do centro da cidade. Eles abandonam seu trabalho nas universidades, preferindo "lecionar para o teste" por uma remuneração melhor e, acredite se quiser, por maior respeito. Em Tóquio, as mamães *kyoiku* (mães obcecadas com a educação dos filhos) preparam cestas de alimentos para os filhos para levarem para os exames de admissão na universidade. Todo mês de janeiro, a Nestlé ganha uma bolada porque o *Kit Kat*, seu chocolate *wafer*, soa como *kitto katsu*, que significa **"você com certeza sairá vencedor"** em japonês. Parece não ter demorado muito para que o personagem de história em quadrinhos Dr. Octopus (Dr. Polvo) surgisse como símbolo de força nos estudos, visto que seu nome soa como *okuto pasu* ou **"se você colocá-lo sobre a carteira, você passará"**.

~###~

Para descobrir se uma questão do SAT favorece os brancos em relação aos negros, pareceria natural comparar o índice de acerto dos brancos com o dos negros. Se a discrepância viesse a ser muito grande, o item seria assinalado como **injusto**. No acordo Golden Rule, fomentado por Rooney, a discrepância aceitável era de 15% no máximo.

Surpreendentemente, os estatísticos da ETS recusaram adotar essa abordagem em relação ao problema. Na realidade, eles consideraram o processo da Golden Rule uma tentativa de largada malsucedida, simplesmente um precursor desacreditado de uma nova ciência destinada a eliminar itens de teste injustos. Quando o que está em pauta é a diferença entre grupos, os estatísticos sempre partem da dúvida de agregar ou não os grupos. A equipe da ETS percebeu que a instrução da Golden Rule exigia que os examinandos fossem agrupados em grupos raciais independentemente da habilidade, e isso eliminava a diferença de habilidade entre os examinandos, um fator fundamental que poderia provocar diferenças nas pontuações. Eles conseguiram dar um grande passo ao tratar os estudantes com alto nível de habilidade e os estudantes com baixo nível de habilidade como grupos distintos. O procedimento de compatibilizar as habilidades entre examinandos negros e brancos serviu para criar grupos com habilidades semelhantes, de modo que nenhuma diferença nos índices de acerto indicava parcialidade na estruturação das questões do teste. Essa análise comumente chamada de análise de DIF enfocava a indesejável realidade de que os estudantes negros já estavam em desvantagem pelo fato de terem oportunidades educacionais inferiores, e isso significava que eles já estavam obtendo pontuações inferiores nos testes, mesmo quando essa injustiça não fosse atribuída à estruturação do teste.

Ao criar novas técnicas, os desenvolvedores de teste perceberam que era inútil usar a intuição para identificar possíveis questões parciais. Por isso, foram espertos o bastante para se deixarem guiar pelos resultados do teste. Ao inserir novos itens nas seções experimentais do teste, observaram diretamente o desempenho dos estudantes em situações concretas, eliminando quaisquer conjecturas. Ainda assim, a localização precisa do que está provocando um tratamento injusto é algumas vezes ardilosa, mas os itens que apresentam um DIF positivo ou negativo normalmente são removidos, independentemente de se conseguir oferecer uma explicação.

O problema da diferença entre grupos é fundamental para o raciocínio estatístico. O cerne dessa questão é saber quais grupos devem ser agregados e quais não. Ao analisar as pontuações dos testes padronizados, os estatísticos não seguem o processo natural de comparar os grupos raciais como um conjunto. Eles enfatizam que os examinandos negros não devem ser considerados uma única unidade — tampouco os examinandos brancos — por causa da grande variação nos níveis de habilidade. (Entretanto, se a mistura de habilidades fosse semelhante entre uma raça e outra, os estatísticos teriam optado por agrupá-los.)

De modo geral, o dilema de estar ou não em um mesmo grupo ainda aguarda os profissionais que estão investigando o tema das diferenças entre grupos. Vamos conhecê-lo em seguida na Flórida, onde o setor de seguros contra furacões acordou para esse problema depois de perder repetidas vezes dezenas de bilhões em um único ano.

~###~

Tal como J. Patrick Rooney, Bill Poe (pai) também foi um empreendedor talentoso. Ele criou e dirigiu uma empresa de seguros que com o tempo passou a valer muitos milhões de dólares. Como Rooney, ele também gastou sua fortuna pessoal perseguindo causas públicas.

Poe estimulou as companhias aéreas em 1996 ao injetar 1 milhão de dólares do próprio bolso para se opor ao financiamento público de um novo estádio para a equipe de futebol norte-americano Tampa Bay Buccaneers. Ele moveu uma ação judicial contra todas as partes envolvidas, que foi levada para o Supremo Tribunal da Flórida, onde perdeu a decisão. Natural de Tampa, Poe estava intensamente envolvido com os políticos locais. Cumpriu, inclusive, um mandato de prefeito. Em sua vida profissional, construiu sua carreira vendendo e subscrevendo seguros patrimoniais. Seu primeiro empreendimento comercial teve um sucesso desenfreado. Tornou-se a maior empresa de corretagem de seguros da Flórida. Quando Poe se aposentou, vendeu sua participação acionária por cerca de 40 milhões de dólares. Em 2005, uma vez mais ganhou notoriedade na mídia, mas de uma maneira não tão nobre. Seu mais novo empreendimento no setor de seguros, o Poe Financial, entrou em colapso após uma série de oito furacões que castigaram a costa da Flórida no decorrer de dois anos. Quando os clientes de Poe o difamaram, vários de seus pares condoeram-se, convencidos de que o colapso do mercado de seguros contra desastres é que havia provocado a derrocada de Poe. Aliás, embora Poe tivesse prosperado na década anterior, outras empresas de seguros, particularmente gigantes nacionais como a State Farm, estavam tramando sair da Flórida, conhecido como o "Estado Ensolarado".

Em virtude desses acontecimentos, era cada vez mais certa a possibilidade de que o habitante médio da Flórida, querendo ou não, tivesse de subvencionar aqueles que haviam escolhido viver próximos a essa região costeira tão vulnerável. Examinaremos agora o motivo.

~###~

Em Tampa, sua cidade natal, Bill Poe era conhecido como ex-prefeito e como um homem talentoso do setor de seguros. Ele fundou a Poe Associates em 1956, que, sob sua liderança, tornou-se a maior empresa de corretagem de seguros da Flórida. Em 1993, negociou uma fusão com a Brown & Brown, sua maior concorrente. Três anos mais tarde, Poe aposentou-se, vendendo suas ações por 40 milhões de dólares. Mas Poe não permaneceu por muito tempo fora do jogo. Junto com seu filho, Bill Jr., criou em seguida a Southern Family Insurance Company, passando da venda à subscrição de seguros. Enquanto subscritores de seguros, pai e filho assumiram a tarefa de avaliar riscos, fixando os valores dos prêmios e reservando um excedente para cobrir pedidos de indenização.

À época, gigantes nacionais do setor de seguros como a State Farm e Allstate estavam avaliando abertamente sua saída do mercado da Flórida depois de assumir as perdas avassaladoras provocadas pelo furacão *Andrew* em 1992. Por ter herdado centenas de apólices de empresas de seguros patrimoniais falidas, o governo estadual percebeu que não tinha capital suficiente para cobrir possíveis perdas e propôs-se a pagar as empresas iniciantes *(start-ups)* para que "comprassem" e assumissem essas apólices. Poe foi um dos primeiros compradores; no primeiro dia, a Southern Family irrompeu com 70 mil clientes, que desembolsaram contra a vontade 32 milhões de dólares em prêmios anuais para assegurar propriedades no valor de 6 bilhões de dólares, principalmente nas áreas costeiras, onde a probabilidade de chegada de furacões era a mais alta. Por esse incômodo, o Estado da Flórida pagou a Poe mais de 7 milhões de dólares ou cerca de 100 dólares por apólice transferida. Num lance surpreendente, Poe cortou drasticamente as taxas em 30% para esses clientes, mesmo quando outras empresas que compram seguros em geral aumentavam os preços, acreditando que antes o governo havia estabelecido artificialmente um limite para as taxas, em virtude de pressões políticas. Posicionando-se como líder de preço e ampliando-se por meio de aquisições, o Poe Financial Group, operando com a marca Southern Family e duas outras marcas, em 2004 despontou como a maior empresa de seguros patrimoniais de capital fechado, atendendo a 330.000 apólices, cobrando prêmios de seguro de cerca de 300 milhões de dólares por ano e assumindo um risco de **70 bilhões de dólares**. Esses resultados indicam um crescimento fenomenal de 40% ao ano ao longo de oito anos seguidos. Mais importante ainda, a empresa gerou um lucro de mais de 100 milhões desde sua abertura.

Daí, um furacão maligno conhecido como *Wilma* varreu o convés, chegando no final de duas temporadas devastadoras consecutivas em que oito furacões castigaram a costa da Flórida. O Poe Financial sobreviveu a duras penas em 2004: depois de desembolsar 800 milhões de dólares em pedidos de indenização, a empresa apresentava menos de 50 milhões de dólares de capital em seu balanço patrimonial. Em 2005, saiu em uma busca frenética por novos fundos, ganhando também novos clientes para acumular prêmios. Nem Bill Poe nem outros previram que tamanho horror se seguiria logo após outro, de modo que em 24 meses seus clientes sofreram perdas que culminaram em 2,6 bilhões de dólares. Foi apenas uma questão de tempo para que o Poe Financial se tornasse insolvente. Em 2005, esse novo-rico perdeu mais dinheiro do que havia feito em seus dez anos de trajetória.

~###~

"Esse foi o padrão de vento mais incomum do mundo. O segurador nesse caso é Deus", disse Bill Poe, refletindo sobre seu infortúnio. Antes de 2004, poucos apostariam contra Poe. Com mais de 40 anos de experiência, ele conhecia o mercado da Flórida tão bem quanto qualquer um. Por ter sido prefeito de Tampa, tinha relações confiáveis e sabia como o ambiente regulamentar funcionava. Praticamente todos os seus clientes haviam sido herdados do Estado da Flórida, sob sua generosa política de "compra de seguros". Em seguida, transferiu grande parte de seus riscos a estrangeiros por meio de contratos de resseguro. (As resseguradoras asseguram as seguradoras.) Atendendo ao que é exigido por lei, Bill Poe usou modelos quantitativos para demonstrar que a empresa tinha um superávit suficiente para enfrentar uma grande tempestade com previsão para ocorrer a cada 100 anos. Poe evidentemente seguiu as regras, mas ainda assim a empresa faliu. **O que deu errado?**

Sob todos os parâmetros, as temporadas de 2004 e 2005 foram extraordinárias. *Charley, Frances, Ivan, Jeanne, Dennis, Katrina, Rita* e *Wilma*: esses furacões não demonstraram clemência. A bacia do Atlântico enfrentou a maioria das tempestades, a maioria dos furacões e a maioria dos furacões destrutivos, inclusive o mais caro (*Katrina*) e o mais forte (*Wilma*) desde 1859, data do primeiro registro histórico. As perdas sofridas em 2004-2005 limparam todos os lucros obtidos pelas seguradoras na Flórida desde 1993. Em resposta, os gigantes nacionais do setor de seguros começaram a reescrever as condições de negócio com seus clientes. Os proprietários de imóveis com contratos já firmados foram golpeados com aumentos severos de preço que chegaram a 200%, reduções sensíveis na cobertura, aumentos acentuados nas franquias ou tudo isso ao mesmo tempo. Por exemplo, a Allstate aplicou um aumento de 8,6% nas taxas em 2005 e de 24% em 2006. Além de escolher a dedo os clientes de menor risco, as seguradoras rescindiram imediatamente pelo menos meio milhão de apólices, mas nenhuma outra seguradora privada avançou para preencher essa lacuna. Quando a Flórida impediu que a State Farm aplicasse um aumento suplementar de 47% no final de 2008, a empresa anunciou sua intenção de abandonar todos os seus

700.000 clientes. Um sintoma indubitável de disfunção ocorreu quando o mercado respondeu **não** a todos os preços. Os líderes do setor estavam agindo como se o risco de furacão na Flórida não fosse segurável.

No editorial intitulado *A Failed Insurance Market* (*Um Mercado de Seguros Falido*), o *St. Petersburg Times* concluiu: "Torcer e rezar por outra temporada sem furacões é a única coisa que se manteve de pé entre a Flórida e os desastres financeiros." O mercado estava em crise — em crise existencial, para ser exato. Nesse preciso momento, por ter testemunhado as devastações provocadas por tempestades implacáveis, era fácil ganhar os clientes de seguros contra furacões que se sentiam impacientes. Curiosamente, as empresas privadas não queriam mais tomar parte nisso, apelando para que o governo compensasse a deficiência. O problema foi bem além do colapso do Poe Financial. Se o risco de furacões antes era segurável, por que de repente se tornou "insegurável"?

~###~

Para obter uma resposta satisfatória, devemos primeiro perguntar por que as pessoas compram seguro e o que faz com que continuem comprando. O seguro é uma reação completamente humana aos desafios do acaso: fenômenos casuais como chuvas de granizo e queda de rochas exaurem os bens de uma forma arbitrária. As pessoas que acreditam em seguro contribuem para um *pool* (grupo) de fundos com antecedência, para ser utilizado por uma vítima desafortunada. O seguro evita o problema desesperador de **prever** quem serão as **vítimas**; em vez disso, deixamos a maioria das pessoas de **sorte** subsidiar alguns infortunados. Essa forma de subsídio funciona porque nenhum membro de um consórcio de compartilhamento de riscos está imune a infortúnios e ninguém pode ser doador nem beneficiário. Nesse sentido, o acordo é justo. Em contraposição, um sistema tributário progressivo ou um socorro financeiro de Wall Street estipula um esquema de subsídio em que os ganhadores e perdedores são predeterminados. Quem participaria por vontade própria de um acordo desse tipo, sabendo que é praticamente certo que alguém perderá?

O seguro de automóvel é um exemplo de mercado que funciona bem. Ao transferir os riscos para as seguradoras, os motoristas concordam em pagar os prêmios, os quais são em sua maioria acumulados em uma conta de excedentes. Atuários profissionalmente qualificados estabelecem as taxas de pagamento em patamares que cubram possíveis pedidos de indenização, segundo uma média, em qualquer ano. Superar a média não é suficientemente bom (atesta Bill Poe); se e quando os desembolsos esvaziam os cofres, isso quer dizer que o jogo acabou. Portanto, é preciso muito cuidado ao criar consórcios de compartilhamento de riscos. Todos os membros devem enfrentar graus semelhantes de risco.

Do contrário, alguém utilizará mais amplamente o excedente do que outros. As pequenas disparidades de exposição ao risco são solucionadas cobrando taxas mais altas dos motoristas menos prudentes. As grandes disparidades afugentam os motoristas prudentes, que podem achar que estão pagando um valor superior à parcela que lhes seria justa, e também atraem os motoristas de maior risco que esperam receber um valor maior do que o investido. Visto que os pedidos reais de indenização de seguro de automóvel mantiveram-se constantes ao longo do tempo, os atuários estão razoavelmente confiantes em suas projeções sobre perdas futuras. Mais especificamente, eles sabem que a porcentagem de segurados que pedirão indenização é pequena; **se todos precisassem imediatamente de reembolso**, as seguradoras com certeza abririam **falência**.

Traumatizadas com as perdas descomunais na Flórida, as empresas de seguro contra furacões argumentaram que provavelmente elas haviam precificado de maneira incorreta os seguros durante anos. As empresas de modelagem que lhes fornecem estimativas sobre prejuízos esperados apoiaram de imediato esse ponto de vista. Ernst Rauch, da Munich Re, segunda maior resseguradora do mundo, anunciou: "O *software* de modelagem comercial da geração de 2005 estipulou que a expectativa de perdas em relação ao risco de furacões nos EUA é de 6 a 8 bilhões de dólares", o que, *a posteriori*, deveria ter sido considerado um erro catastrófico. Com base nessa suposição, a comunidade de seguros solicitou pagamentos anuais no valor de 10 bilhões de dólares dos segurados na Flórida, para depois se surpreender com um prejuízo real de 36 bilhões em apenas duas temporadas. Warren Buffett, que conhece muito sobre a atividade de seguros, pediu cautela contra otimismos infundados: "Com demasiada frequência, as seguradoras comportam-se como aquele sujeito que, numa luta de canivetes, depois que seu oponente lhe dá um golpe e aponta para a sua garganta, exclama: 'Você nunca me atingiu'. Seu adversário responde: 'Basta tentar menear a cabeça e verá.'"

O escritor Michael Lewis, em um artigo de fundo na *New York Times Magazine*, demonstrou vividamente de que forma os modelos quantitativos de previsão de tempestade ganharam proeminência em meados da década de 1990, depois que prognosticaram com correção os prejuízos sem precedentes provocados pelo furacão *Andrew*. O histórico desses modelos desde então tem sido trivial. Depois de admitir que havia subestimado de maneira significativa o impacto dos furacões da temporada de 2004-2005, a Risk Management Solutions, principal empresa de modelagem, implementou mudanças fundamentais em sua metodologia, incorporando a avaliação de um painel de especialistas. Muitos desses cientistas disseram que essa mudança climática tornou os furacões no Atlântico mais ferozes e mais frequentes. A cada aperfeiçoamento, os modeladores elevaram suas estimativas de prejuízos futuros, o que vem justificar os prêmios cada vez mais altos. No final da década de 2000, o setor de seguros declarou que, para correr o risco de cobrir esses prejuízos previstos, as companhias de seguro teriam de fixar pagamentos anuais superiores àqueles que os clientes poderiam arcar de maneira satisfatória.

Outro motivo que levou o setor a julgar mal e exageradamente o nível de risco foi ter se fixado na tempestade com previsão de ocorrência **"a cada 100 anos"**, comumente descrita como uma tempestade que, por sua magnitude, só ocorreria a cada 100 anos. Na Flórida, todas as subscritoras de seguros devem provar que sua estrutura de capital é capaz de resistir a uma tempestade com previsão ocorrência a cada 100 anos. Essa regra parecia inequívoca porque até mesmo o furacão *Andrew*, que custou às seguradoras 17 bilhões de dólares em 1992, era uma tempestade com previsão de ocorrência a cada 60 anos. (A ocorrência de uma tempestade a cada 100 anos, embora produza mais danos do que uma tempestade a cada 60 anos, é menos provável.) A ocorrência de duas calamidades em um único século, em anos adjacentes, era **inimaginável**.

Segundo os estatísticos, esse conceito de tempestade a cada 100 anos tem a ver com probabilidade, e não com frequência; o parâmetro são os prejuízos econômicos, não os anos civis. Eles afirmam que o furacão que ocorre a cada 100 anos é o que acarreta maior devastação econômica, comparativamente a 99% dos furacões registrados na história. Em qualquer ano, a probabilidade de um furacão que toca a terra provocar mais prejuízos do que 99% dos furacões anteriores é 1%. Essa última afirmação com frequência equivale a dizer **"uma vez a cada século"**. Entretanto, pense no seguinte: se, todo ano, a probabilidade de um furacão de ocorrência a cada 100 anos for de 1%, então, ao longo dos anos, a probabilidade de testemunharmos um ou mais furacões de ocorrência a cada 100 anos talvez seja superior a 1% (um cálculo simplificado estabelece um risco de aproximadamente 10%). Portanto, não deveríamos ficar tão surpresos com a ocorrência sucessiva de furacões intensos na Flórida. Furacão de "100 anos" é uma **designação incorreta** que nos dá uma **falsa sensação de segurança**.

Do ponto de vista do setor, os desastres de 2004-2005 desmascararam a inadequação das taxas de seguro prevalecentes, que se apoiavam em projeções obstinadas sobre a frequência das tempestades e a magnitude dos prejuízos. As seguradoras também descobriram que seus clientes não podiam arcar com o custo total do seguro. Por isso, não conseguiam enxergar nenhum motivo de lucro. Desse modo, o mercado de seguros definhou.

~###~

Os estatísticos têm algo mais a acrescentar a essa história: as companhias de seguro contra desastres naturais, diferentemente das seguradoras de automóveis, não têm outra opção senão aceitar os riscos que estão concentrados nas regiões geográficas vulneráveis. Essa aglomeração de riscos foi se agravando à medida que os consórcios de compartilhamento de riscos desintegraram-se, após as temporadas de 2004-2005.

O fato de o Poe Financial ter fechado as portas depois que o furacão Wilma despertou teve mais a ver com a concentração irrefletida e mal informada nos riscos do sul da Flórida. Esses dois períodos abomináveis geraram 120.000 pedidos de indenização. Ou seja, aproximadamente dois em cada cinco clientes do Poe resgataram **ao mesmo tempo** parte dos excedentes da empresa. Essas retiradas volumosas e simultâneas de liquidez teriam afundado qualquer seguradora. Por isso, o Poe Financial só podia atribuir a culpa à sua visão falha. As negociações de compra de seguros com o governo estadual incharam suas contas de clientes provenientes de seguradoras previamente falidas, em especial de imóveis costeiros com a maior probabilidade de prejuízo. Pior ainda, ao competir em preço, o Poe violou o primeiro princípio de subscrição de Warren Buffett. Uma vez ele advertiu que, se **"ganhar"** equivale a obter **participação de mercado**, e não **lucros**, algum problema virá pela frente; o **"não"** é essencial no vocabulário de qualquer subscritor. Até mesmo o desesperado esforço de expansão depois dos furacões de 2004 acelerou o fim do Poe Financial: os novos clientes trouxeram novas receitas, mas também maior exposição e maior acumulação de riscos, avolumando o problema inicial.

Pelo fato de os desastres naturais ocorrerem em nível local, esses consórcios de compartilhamento de riscos são bem menos diversificados em termos de distribuição geográfica do que aqueles agregados pelas seguradoras de automóveis. Não obstante, o princípio do seguro continua válido: esses consórcios de compartilhamento devem incluir alguns clientes que não exigiriam reembolso na temporada de furacões. Do contrário, pedidos simultâneos de indenização sepultariam as seguradoras. Tradicionalmente, esses clientes incluíam segurados do interior da Flórida, de outros Estados e de outros países. De acordo com Bob Hartwig, economista do setor de seguros, pelo fato de todos os habitantes da Flórida pertencerem ao mesmo grupo de risco, as vovós estavam subsidiando proprietários de imóveis abastados à beira-mar. Entretanto, as grandes seguradoras nacionais tomaram emprestado os excedentes de outras linhas de negócios e a renda de outros Estados para pagar os pedidos de indenização na Flórida. Quando as principais seguradoras transferiram o risco às resseguradoras, na verdade elas adquiriram o direito de utilizar os *pools* de fundos subvencionados pelos segurados em outros países, como aqueles que fazem seguro contra vendavais na Europa e terremotos no Japão. Isso significa que sempre que um furacão atinge a Flórida, os europeus e japoneses efetivamente subsidiam os projetos de reconstrução americanos.

Após 2005, indícios faziam crer que nenhum desses três grupos subsistiriam, e por um bom motivo. Estatísticas distorcidas de megacatástrofes anteriores revelavam a verdade inconveniente sobre os ganhadores e perdedores dos planos de seguro existentes. Dentre os dez desastres mais suntuosos entre 1970 e 2005, os oito maiores ocorreram nos EUA, ocasionando mais de 90% do total de 176 milhões de dólares em prejuízos segurados; os outros dois foram um tufão no Japão e um vendaval na Europa. Seis dos oito desastres nos EUA foram furacões no Atlântico. Todos eles passaram pela Flórida. A Towers Perrin, consultoria internacional actuarial e de gestão, avaliou que os EUA eram responsáveis por metade dos prêmios e por três quartos dos prejuízos do mercado de resseguros de Londres. Se esse nível de desequilíbrio persistir, outros participantes acharão que esse plano é injusto.

O mercado já se ajustou de várias formas a essa nova realidade. As gigantes nacionais do setor de seguros criaram subsidiárias apenas da Flórida, conhecidas como *puppy companies* (empresas-filhotes), para proteger suas "mães corporativas", um indício de sua relutância em compartilhar os excedentes com outros Estados. As resseguradoras dobraram as taxas que cobravam das companhias de seguro contra furacões com base no ponto de vista de que a intensidade e a frequência dos furacões haviam crescido de maneira irreversível. A menos que a recente tendência de os estrangeiros subsidiarem os pedidos de indenização por desastres reverta, é difícil ver de que modo os estrangeiros permanecerão nos esquemas de resseguro sem exigir aumentos astronômicos nas taxas, se permanecerem.

As pessoas que residem no interior da Flórida também tendem a cair fora do consórcio de compartilhamento de riscos, agora que a injustiça que ele herdou foi revelada. No caso do Poe Financial, 40% da base de clientes limpou o montante de dez anos de superávit em duas temporadas. Quando os imóveis costeiros e do interior são tratados de modo semelhante, todos os segurados contribuem para o mesmo prêmio, com base na **média** de exposição ao risco. Na realidade, a exposição dos imóveis do interior é bem menor do que a dos imóveis costeiros. Portanto, os habitantes de baixo risco estão subsidiando os habitantes costeiros de alto risco. Visto que os participantes diversificaram amplamente o nível de exposição, os ganhadores e perdedores nesse consórcio de compartilhamento de riscos são predeterminados e, não surpreendentemente, o grupo de clientes de baixo risco rejeita essa estrutura de subsídios, considerando-a injusta e ilegítima. Não foi possível manter juntos os grupos de risco indiferenciados por causa das grandes diferenças entre os grupos; como os clientes insatisfeitos levantaram acampamento, os riscos remanescentes tornaram-se mais e mais concentrados.

~###~

Do mesmo modo que a ação judicial da Golden Rule impeliu os desenvolvedores de testes padronizados a começar a tratar os estudantes com alto nível e baixo nível de habilidade como grupos distintos, na esteira dos prejuízos assombrosos de 2004-2005 o setor de seguros reagiu repartindo o grupo de risco em dois, uma estratégia que os estatísticos denominam de **estratificação**. Afinal de contas, é possível misturar óleo e água temporariamente a poder de força, mas eles acabam se separando em camadas. As seguradoras agora brigam por clientes de baixo risco e ao mesmo tempo rejeitam os imóveis costeiros de alto risco. Como os dois grupos estão se saindo com esse novo arranjo?

Lembre-se de que o Poe Financial Group foi o principal representante do programa de compra de seguros iniciado pelo governo da Flórida depois de 1992 para se desfazer das apólices de alto risco. O acúmulo de 1,5 milhão de contas do governo diminuiu para 815.000 em fevereiro de 2005. Praticamente todos os clientes de Bill Poe vieram desse programa de incentivo. Com a insolvência do Poe Financial, era só uma questão de devolvê-los ao remetente: de uma só tacada, a Citizens Property Insurance Corporation, administradora de seguros estatal, adicionou 330.000 clientes à sua lista. A Citizens estava mal posicionada para controlar esse influxo: estava aproximadamente com 0,5 bilhão de dólares no vermelho após a temporada de furacões de 2004, e o déficit fiscal inchou, chegando a 1,7 bilhão de dólares no final de 2005, mesmo depois de incorporar o Poe Financial.

Depois de anunciar sua certeza em afiançar os clientes do Poe Financial, o governo foi forçado a elevar o montante de desembolso ano após ano, visto que os casos que já estavam fechados foram reabertos e novos pedidos de indenização concretizados. No final de 2008, a Citizens estava recebendo 4 bilhões de dólares em prêmios anuais, mas cobria um valor de exposição de 440 bilhões de dólares. A entidade teria falido se fosse uma empresa privada. Em vez disso, os legisladores da Flórida taparam o buraco cobrando uma série de "tributos". Depois de se apropriar de 920 milhões de dólares do orçamento estadual de 2006, ainda assim tiveram de cobrar de todo comprador de seguros residenciais ou de automóveis no Estado uma tarifa equivalente a 6,8% dos prêmios. No caso das pessoas que tinham seguro patrimonial, essa tarifa se somou à tarifa de 2% já aplicada. Além disso, uma taxa de 2,5% entraria em operação por um período de dez anos. Em 2007, foi necessário aplicar mais 1,4% de tributo. E depois de levantar 2 bilhões de dólares com a venda de títulos em 2006 e 2008, o Estado cobriu o pagamento de juros aplicando mais 1% sobre os prêmios ao longo dos oito anos seguintes. Em 2008, uma jornalista mandou um lembrete para seus conterrâneos na Flórida: "Esse som de sucção que você está ouvindo é um furacão de 3 anos de idade sugando o dinheiro de sua carteira."

Nesse jogo de empurra-empurra consagrado pelo tempo, os riscos indesejáveis foram empurrados dos proprietários de imóveis na orla marítima para as seguradoras privadas, depois para a estatal Citizens, em seguida para Bill Poe, novamente para a Citizens e finalmente para os cidadãos da Flórida. No caso das pessoas que viviam no litoral, nada mudou: todo os anos, elas rezam por uma temporada sem furacões. Quando as seguradoras elevam as taxas, elas se sujeitam; quando uma seguradora decola, elas mudam rapidamente para outra. Quanto aos habitantes do interior, eles subsidiaram os clientes da costa quando as seguradoras privadas costumavam colocar ambos os grupos no mesmo grupo de risco; agora, por meio de tributos, o governo estadual transfere o dinheiro destes para o litoral. O efeito é o mesmo.

~###~

Após esse acontecimento agourento, o governo estadual justificadamente ficou com medo de uma possível insolvência da Citizens se outro megafuracão acometesse a Flórida, mas imediatamente repetiu o erro de motivar empresas *start-up* a comprar apólices da administradora de seguros estatal. De 2006 a 2008, 800.000 apólices foram compradas e assumidas por empresas que receberam notas "D" (fracas) ou "E" (muito fracas) de agências de classificação, pelo fato de não terem capital adequado e por serem inexperientes. A agência reguladora estatal se posicionou de uma maneira ridícula: "Poderia haver outro monstro como o *Katrina* ou pior? Que Deus nos perdoe se houvesse. Todas as apostas seriam incorretas a essa altura." Já vimos esse roteiro antes, e ele não tem um final feliz.

E os problemas não terminam aí. Pode-se até supor que a devastação acarretada pelo furacão *Wilma* tenha detido os habitantes da Flórida de mudar para o litoral, mas a tendência não demonstrou nenhum sinal de abrandamento. Os economistas atribuem a culpa ao "risco moral": os habitantes costeiros não se preocupam tanto com os furacões porque esperam que o Estado continue lhes oferecendo socorro financeiro vitalício e também apoio absoluto. Os novos habitantes acreditam que alguém deve pagar a reconstrução de suas casas se caso elas caírem. **Por isso, por que não curtir a vida vivendo à beira-mar?** Essa tendência alarmante agrava ainda mais a economia do setor de seguros contra furacões. A grande concentração já existente de riscos simultâneos ganhou ainda mais importância. A crescente densidade populacional aumenta os preços dos imóveis, de modo que o número de riscos multiplicado pelo valor de cada exposição ampliou-se numa rapidez surpreendente. Muitos cientistas consideram essa "marcha para o mar semelhante à dos lêmingues" uma ameaça bem mais séria do que o recente aumento na intensidade e frequência dos furacões. Em 2006, a Flórida tinha US$ 2,5 trilhões de imóveis segurados, o maior valor em relação a todos os outros Estados, superando até Nova York. Os modelos de previsão de tempestade previam que um furacão da magnitude do *Katrina* produziria mais de US$ 100 bilhões em prejuízos se atravessasse a área de Miami, repetindo o desastre de 1926. Embora essa ameaça se acentuasse, o mercado de seguros na Flórida manteve-se paralisado.

~###~

As angustiantes temporadas de furacões de 2004-2005 despertaram o setor de seguros contra catástrofes para uma realidade essencial nos consórcios de compartilhamento de riscos existentes, os clientes que possuem propriedades de baixo nível de risco no interior eram certamente perdedores e aqueles com propriedades de alto risco no litoral eram sem dúvida ganhadores. Essa diferença entre os grupos ameaçava a viabilidade dos planos de seguro porque os intersubsídios não pareciam mais justos. Em reação a isso, as grandes seguradoras impuseram aumentos assombrosos nas taxas, especialmente no grupo de alto risco, o que em vigor significava excluí-los. Quando a agência reguladora estatal objetou, elas abandonaram o mercado como um todo. Inevitavelmente, como último recurso o Estado da Flórida assumiu o papel de seguradora, o que de nada serviu para impedir que o grupo de baixo risco subsidiasse os proprietários de imóveis costeiros. Se o Estado tem de desempenhar esse papel, então deve oferecer incentivos para reduzir a migração de pessoas e riquezas para essa região litorânea vulnerável. Se o Estado não pode interromper ou não vai interromper esses intersubsídios injustos, deve pelo menos respeitar os habitantes de baixo risco fazendo alguma coisa para aliviar o ônus com o qual eles estão arcando. Quando não se aprende com experiências passadas, a catástrofe seguinte é apenas uma questão de tempo.

Aparentemente, as companhias de seguro e os desenvolvedores de testes não têm nada em comum: as primeiras reúnem um rol de clientes lucrativos, enquanto os segundos criam um conjunto justo de questões para os testes. Do ponto de vista estatístico, ambos têm de lutar contra o problema das diferenças entre os grupos. Em ambos os casos, a variabilidade entre um grupo e outro foi vista como indesejável. Os desenvolvedores de testes deram um passo revolucionário quando compreenderam que não podiam comparar diretamente estudantes negros com estudantes brancos; em contraposição, o mercado de seguros estava à beira da desintegração quando as seguradoras perceberam que não podiam tratar todos os clientes como um cliente médio. A decisão crucial nessas situações é saber se os grupos devem ou não ser agregados. Esse é o dilema de ser posto em uma mesma categoria.

Capítulo 4

Examinadores intimidados/ Laços mágicos

A oscilação e influência do assimétrico

> *Quanto a essa questão, quero falar sobre o positivo, não sobre o negativo.*
> — MARK MCGWIRE, JOGADOR PROFISSIONAL DE BEISEBOL

> *Você nem precisa saber o que você está procurando. Mas você reconhece assim que bate os olhos.*
> — CRAIG NORRIS, DIRETOR EXECUTIVO DA ATTENSITY

No início da década de 2000, houve um momento decisivo, quando o sindicato dos jogadores de beisebol finalmente concordou com um programa de exame de detecção de esteroides. Os fãs do beisebol estavam perdendo a fé na integridade desse entretenimento nacional, e o escândalo foi fomentado por dois livros sensacionais: *Juiced* (*Intoxicado*), no qual Jose Canseco, rebatedor de grande potência do Jogo das Estrelas, expôs-se como o "Padrinho dos Esteroides" e revelou o nome de vários dos adorados jogadores de beisebol que seriam usuários de *doping*, e *Game of Shadows* (*Jogo das Sombras*), no qual dois jornalistas do *San Francisco Chronicle* desnudaram a investigação federal do BALCO, laboratório californiano que fornecia esteroides a inúmeros atletas de elite, dentre os quais os jogadores de beisebol. Não era mais possível negar que as drogas para aumentar o desempenho haviam se infiltrado nesse esporte, do mesmo modo que haviam entrado no ciclismo e no atletismo.

O uso de drogas é prejudicial ao atleta e ridiculariza o espírito esportivo. A maioria dos esportes adotou um código *antidoping*, redigido pela Agência Mundial Antidoping (World Anti-Doping Agency — Wada), exigindo que os atletas submetam amostras de urina ou sangue para exame. Entretanto, o programa de detecção de esteroides do beisebol não atende ao padrão internacional, que é mais rigoroso, visto que os jogadores relutantes preferem dar um pequeno passo de cada vez. Por exemplo, a Major League Baseball (MLB) não faz exames de hormônio do crescimento humano (HGH - *human growth hormone*), uma droga poderosa que irrompeu no cenário no final da década de 1990. Mike Lowell, astro do Boston Red Sox, explica o motivo: "(O exame HGH tem de ser 100% preciso, porque se tiver 99% de precisão haverá sete falsos-positivos nos times de beisebol das grandes ligas, e aí o que vai ocorrer se for acusado (falsamente) um dos principais nomes do esporte?".

A estatística dos salários do beisebol ateou fogo na inquietação de Lowell: o jogador médio da MLB ganhou quase US$ 2,5 milhões em 2005, e o time de Lowell, o Red Sox, foi um dos mais endinheirados da liga, pagando mais de US$ 4 milhões por atleta. Com tanto dinheiro em jogo, não é de surpreender que os jogadores de beisebol estejam preocupadíssimos com os erros falsos-positivos no exame de detecção de esteroides — com os atletas que não usam *doping* e são incorretamente acusados. Contudo, ao dirigir a lente diretamente para esse aspecto do exame, a comunidade *antidoping* sem querer incitou as fraudes de *doping*. Neste capítulo, saberemos o motivo.

Uma variante do problema de detecção de esteroides inquietou as tropas americanas baseadas no Iraque e no Afeganistão: como examinar um grande número de candidatos locais a emprego para verificar possíveis relações no passado, presente ou futuro com insurgências. Em Camp Cropper, no Iraque, David Thompson liderou uma equipe de interrogadores que se valiam de sua formação, de sua experiência no mundo concreto e da intuição para "filtrar o que era verdade e o que era invenção". Esse processo de detecção de mentiras demonstrou-se imperfeito porque os insurgentes continuaram alvejando os soldados de Thompson. A cada fase da guerra, ele percebia que os recrutados chegavam mais jovens, menos experientes e, portanto, menos preparados para ter sucesso imediato no trabalho de contrainteligência.

Imagine a emoção de Thompson quando ele recebeu uma remessa de detectores de mentiras portáteis em 2007. O detector de mentiras portátil é um computador de mão com eletrodos para serem colocados na ponta dos dedos e medir a condutividade da pele e a pulsação. Um operador faz uma série de questões sim/não ao indagado e registra as respostas; em questão de minutos, o computador processa os dados provenientes dos eletrodos e fornece o veredito: **verde** para **verdadeiro**, **vermelho** para **enganador** e **amarelo** para **inconclusivo**. Tal como o polígrafo convencional, essa versão em miniatura de fato detecta a ansiedade, que pode ser provocada pelo ato de mentir ou pelo medo de ser pego mentindo, dependendo do especialista em que resolvemos acreditar. Diferentemente dos usuários do polígrafo convencional, os interrogadores de Thompson não precisam mais de especialização nem de experiência concreta; o programa de computador, aperfeiçoado por físicos da Universidade Johns Hopkins, remove o elemento humano do exame de contrainteligência. Cada detector de mentiras portátil custa 7.250 dólares, mais a taxa de manutenção anual de 600 dólares.

Com tantas vidas norte-americanas em jogo, não é de surpreender que os comandantes de exército preocupem-se com erros falsos-negativos nos interrogatórios — com insurgentes que escapam da detecção durante o exame. Eles instruem os pesquisadores da Johns Hopkins a ajustar o dispositivo para que a probabilidade de terem mentido seja praticamente zero para aqueles que recebem luz verde.

No entanto, os estatísticos nos dizem que, ao se concentrar com exclusividade nesse aspecto específico da precisão, os tecnologistas involuntariamente diminuíram a capacidade desse dispositivo de reconhecer possíveis suspeitos, que é sua principal função. Neste capítulo, saberemos o motivo.

O exame de detecção de esteroides e os detectores de mentiras são ambos tecnologias que classificam as pessoas em dois grupos: usuários de *doping versus* atletas que não utilizam *doping*, mentirosos *versus* pessoas que contam a verdade. Os críticos acusam os exames de *doping* de destruir carreiras (falsos-positivos) e os polígrafos de não detectar possíveis criminosos (falsos-negativos). Os estatísticos salientam que essas tecnologias enfrentam um dilema indesejável mas inevitável entre os dois tipos de erro. Qualquer sistema de detecção pode ser ajustado, mas diferentes configurações simplesmente redistribuem os erros entre falsos-positivos e falsos-negativos; é impossível diminuir ambos simultaneamente. Utilizando uma analogia, considere um rebatedor de beisebol com um nível médio de habilidade: ele pode balançar o bastão mais agressivamente, caso em que será eliminado (*strikeouts*) mais vezes, ou menos agressivamente, caso em que fará menos pontos (*home runs*). Mais importante do que isso, alguns erros são mais visíveis e mais caros do que outros. Essa assimetria oferece sólidos incentivos para os examinadores de *doping* e as autoridades de aplicação da lei para que concentrem seus esforços em um tipo de erro enquanto o outro aspecto é negligenciado e passa despercebido. A oscilação e influência da assimetria é o assunto deste capítulo.

~####~

Mike Lowell, o jogador profissional de terceira base, se viu em apuros na Flórida depois que se tornou a celebridade do Boston. Quando o Florida Marlins vendeu Lowell para o Red Sox em 2005, depois de duas temporadas consecutivas fora de forma, eles sentiram que esse veterano já havia visto seu apogeu e, com avidez, livraram-se de seu salário de 9 milhões de dólares anuais, repassando-o para o clube do Boston. Eles mal podiam imaginar que Lowell seria considerado o **jogador mais valioso** na Série Mundial de 2007, completando um ano espetacular em que quebrou seus próprios recordes de rebatidas, de corridas impulsionadas, de média de rebatidas e de OPS (*on-base plus slugging* — porcentagem média de vezes que o jogador foi à base mais porcentagem média de bases percorridas), na idade até certo ponto avançada de 33 anos. Graças a essa temporada brilhante, o Red Sox recompensou Lowell com um aumento substancial de US$ 12 milhões anuais. A ascensão de Mike Lowell de filho humilde de um exilado cubano e sobrevivente de um câncer a jogador de beisebol de primeira classe foi o cerne do sonho norte-americano.

Para a Major League Baseball, 2007 foi um ano em que os sonhos ameaçavam tornar-se uma miragem. Embora o desempenho de Lowell em campo tenha regozijado os fãs do Boston, o beisebol estava afundando diante do peso de um escândalo de esteroide capaz de expor alguns dos maiores astros desse esporte como fraudulentos. As sementes foram semeadas em 1998, quando Mark McGwire e Sammy Sosa fascinaram o público numa perseguição de *home run* sobre-humana até o último minuto. Ambos superaram o recorde de Roger Maris, antes considerado sacrossanto. Os incrédulos espalhavam rumores sobre o desenfreado abuso de esteroides pelos jogadores de beisebol, aumentando falsamente as estatísticas.

Daí em diante, indícios tentadores começaram a surgir. Um frasco de androstenedione, estimulante proibido nos Jogos Olímpicos, foi encontrado dentro do armário de McGwire. Quando Barry Bonds quebrou o recorde de McGwire três anos antes, os céticos perceberam que o jogador de 37 anos de idade parecia maior, mais forte e melhor do que costumava ser quando mais jovem. Os espectadores de beisebol conservadores queriam florear o recorde de Bonds com opiniões extremamente desfavoráveis, mesmo antes de surgir qualquer prova. Em seguida, em 2003, os investigadores federais encontraram uma prova concreta de que um laboratório californiano, o BALCO, havia fornecido drogas de aumento de desempenho a alguns atletas de elite. As seringas utilizadas, os planos de *doping* e os cadastros dos clientes envolveram inúmeros jogadores de beisebol, dentre eles o astro Bonds, que posteriormente admitiu ter usado duas substâncias fornecidas pelo BALCO, conhecidas como *the clean* ("o límpido") e *the cream* ("a pomada"), sustentando, entretanto, que se tratavam de óleo de linhaça e pomada contra artrite. Trevor Graham, um dos maiores técnicos do atletismo, enviou anonimamente uma seringa do "límpido" a autoridades *antidoping* em um ato sacrificatório para "nocautear" um grupo de atletas da equipe adversária sobre o qual ele tinha informações de que seriam clientes do BALCO, substância identificada como THG (tetrahidrogestrinona), um esteroide sintético projetado por químicos para que não sejam detectados pelos laboratórios clínicos.

Em seguida, Jose Canseco, o homem das 3.000 rebatidas, pôs a boca no trombone quando alegou em seu sensacional livro publicado em 2005, *Juiced*, que **quatro em cada cinco jogadores** de beisebol, incluindo McGwire e Jason Giambi, usavam esteroides. Posteriormente, nesse mesmo ano, instigados pelo discurso do Estado da União do presidente George W. Bush, os legisladores conduziram audiências congressionais, que ganharam maior notoriedade com o refrão de McGwire: "Não estou aqui para falar do passado. Quanto a essa questão, quero falar sobre o positivo, não sobre o negativo." Outro astro do beisebol, o rebatedor Rafael Palmeiro, declarou o seguinte ao Congresso: "Nunca usei esteroides, ponto final. Não sei como dizer isso de uma maneira mais clara do que essa. Nunca." Seis meses depois, seu exame foi positivo para estanozolol, o mesmo esteroide sintético encontrado na urina do velocista Ben Johnson na Olimpíada de Seul em 1988. Em 2007, o jovem Rick Ankiel presenteou os fãs do beisebol com uma história provavelmente não muito agradável: o arremessador do St. Louis Cardinals, que em seu primeiro ano como calouro perdeu inexplicavelmente sua habilidade de fazer *strikes* durante a Série Mundial, ressuscitou sua carreira ao ganhar uma colocação inicial como rebatedor na liga principal. Entretanto, o entusiasmo arrefeceu quando uma investigação associou Ankiel a uma clínica da Flórida que supostamente estaria distribuindo HGH a atletas profissionais (a liga não o puniu).

Todos esses indícios convergiriam para um mesmo ponto em dezembro de 2007, quando o senador George Mitchell deu seu parecer sobre o escândalo do esteroide. Ainda não se conhecia a natureza da evidência e a especulação de que inúmeros jogadores seriam citados e difamados se alastrava.

Era esse o cenário quando Mike Lowell dirigiu-se à divisão de Boston da Associação de Escritores do Beisebol. Beneficiado por um diploma em finanças, ele deu uma justificativa sucinta e analítica sobre o motivo pelo qual os jogadores, orientados por Donal Fehr, diretor do sindicato, haviam por muito tempo hesitado acerca da questão do exame de detecção de esteroides:

> "*[O exame HGH] tem de ser 100% preciso, porque se tiver 99% de precisão haverá sete falsos-positivos nos times de beisebol das grandes ligas, e o que fazer se algum desses nomes for um dos principais jogadores? A carreira dessa pessoa ficará marcada pelo resto da vida. Não é possível voltar atrás e*

dizer: 'Sinto muito, nós cometemos um erro', porque você simplesmente já destruiu a carreira dessa pessoa.

Deveria haver 100% de precisão, e foi por isso que Donald Fehr colocou-se nessa posição de responsável por sete falsos-positivos, e não pelos 693 que passam no exame. Porque, Deus nos livre, e se fosse Cal Ripken [shortstop* da Galeria da Fama]. Entende o que quero dizer? Isso não desfavoreceria tremendamente a carreira dele? É por isso que acho que o sindicato tem de assegurar que o exame seja 100%, sem chance de falso-positivos. Algumas pessoas disseram que [a precisão] é de 90%. Isso representa 70 [falsos-positivos]. São três listas completas de escalação."

O **falso-positivo** ocorre quando um atleta que não trapaceou é **erroneamente acusado** de ter trapaceado. "Ser chamado de trapaceiro, sabendo que não trapaceei, é a pior sensação do mundo", opinou Tyler Hamilton, ciclista norte-americano que memoravelmente e corajosamente enfrentou uma dolorosa lesão na clavícula para acabar em quarto lugar no *Tour de France* de 2003. Adorado pelos fãs do ciclismo como um "escoteiro" tradicionalista e respeitado pelos colegas como um cara bacana e competente em todos os aspectos, Tyler Hamilton estava a ponto de emergir da sombra de Lance Armstrong, seu preceptor, em 2004. Sua renda chegou a US$ 1 milhão, incluindo salário e contratos de publicidade com a Nike, Oakley e outras marcas. Em Atenas, naquele ano, foi o primeiro norte-americano a ganhar a prova de ciclismo de estrada na Olimpíada depois de 20 anos.

De repente e de uma maneira cruel, seu mundo caiu, quando os examinadores de *doping* na Volta da Espanha encontraram sangue de outra pessoa no sangue de Tyler Hamilton. Essa prática ilegal de transfundir sangue de outra pessoa nas células vermelhas de alguém, conhecida como *doping* sanguíneo, aumenta a quantidade de oxigênio transportada pela corrente sanguínea, um dos principais impulsionadores da capacidade de pedalar. Subsequentemente, foi revelado que a amostra "A" coletada de Tyler Hamilton em Atenas havia também levantado suspeitas, mas medidas posteriores foram impedidas pelos regulamentos quando o técnico de laboratório inadvertidamente congelou a amostra "B". (Para aumentar a precisão, os laboratórios *antidoping* dividem as amostras de sangue ou urina em duas partes, "A" E "B" e declaram um exame positivo apenas quando ambas as parte são positivas.) Desconfiado, Tyler Hamilton objetou: "Não sabemos dizer por que o exame deu positivo naquele momento. Se soubesse a resposta, eu a tatuaria no braço. O principal é que eu não usei *doping* sanguíneo."

---

* No beisebol, jogador que ocupa a posição entre a segunda e terceira bases.

Seus advogados anteciparam a possibilidade de que o sangue dessa outra pessoa fosse "do gêmeo desaparecido", um irmão gêmeo morto antes de nascer e que provavelmente teria dividido o útero da mãe com Tyler Hamilton.

A defesa de Tyler Hamilton era típica entre os atletas acusados: ele nunca havia trapaceado; portanto, o resultado positivo encontrado só podia ser um **falso**-positivo, o que poderia ser explicado por outras causas, como a síndrome do gêmeo desaparecido. O juiz acabou rejeitando a apelação de Tyler Hamilton, e ele passou dois anos afastado do ciclismo. Se ele de fato fosse um atleta "limpo" (inocente), seu drama justificaria a preocupação de Mike Lowell sobre a possibilidade de os falsos-positivos arruinarem a carreira "do tipo supernova" dos atletas de elite.

Os atletas acusados encontraram problema para se desvencilhar do estigma dos exames positivos — e por bons motivos. Travis Tygart, diretor executivo da Agência Antidoping dos EUA (U.S. Anti-Doping Agency — Usada) uma vez fez a seguinte observação: "Negar é a moeda corrente tanto do culpado quanto do inocente." Esse comportamento é coerente com seus incentivos. O atleta de fato inocente, que não passa no exame de *doping*, deve contratar um advogado imediatamente, encontrar testemunhas de caráter e lutar com unhas e dentes. O atleta culpado com frequência segue o mesmo procedimento, retirando-se voluntariamente da competição. Na pior das hipóteses, ele perde a briga e fica suspenso por dois anos, período contado desde o instante em que ele para de competir e que desconsidera o momento em que sua apelação final se despedaça. Se tiver sorte, pode ser isentado lançando mão de um procedimento tosco, uma amostra deteriorada ou um juiz arbitral compassivo. Se preferir utilizar a estratégia de negar, o atleta culpado passa a maior parte da suspensão tentando limpar seu nome com uma remota probabilidade de redenção; se, ao contrário, ele optar por contestar o resultado positivo, a humilhação é imediata, mas o restabelecimento não chega tão cedo.

Consequentemente, o positivo verdadeiro e o falso-positivo, uma vez mesclados, são difíceis de separar. É por isso que atletas milionários como Mike Lowell exigem não menos que um exame "100% preciso, sem a possibilidade de um falso-positivo".

Se ao menos a vida real fosse tão perfeita...

Segundo os estatísticos, mesmo que um exame não gerasse nenhum falso-positivo, estaria longe de ser **"100% preciso"** por causa dos erros falsos-negativos. Os atletas só reclamam dos falsos-positivos; a mídia dá cobertura aos falsos-positivos. Estamos perdendo a grande história dos exames de esteroides: os **falsos-negativos.**

~###~

Em uma carta comovida, escrita em sua defesa, o ciclista Tyler Hamilton afirmou: "Fui submetido a exames por mais de 50 vezes em toda a minha carreira e essa é a primeira vez em que cheguei a ser até mesmo interrogado." Na verdade, os pelotões como um todo estavam pedalando sob o nevoeiro persistente da suspeita desde o momento em que uma série de batidas sensacionais de droga atingiu o badaladíssimo evento esportivo, o *Tour de France*, nas décadas de 1990 e de 2000. Criticar retrospectivamente esses desempenhos difíceis de acreditar tornou-se um esporte de grande apelo popular. Para muitos ciclistas, protestar e provar a própria inocência passou a ser um segundo emprego.

Os atos heroicos de Tyler Hamilton no *Tour de France* se deram sob o olhar atento de Bjarne Riis, proprietário da equipe patrocinada CSC e ex-campeão da Dinamarca. Por uma década, arrastaram-se acusações contra Riis depois de sua memorável e devastadora vitória em 1996. Um espectador recorda-se da ocasião: "Por meio de uma série de mais ou menos 12 aceleradas e desaceleradas calculadas, ele arrebentou com as pernas de seus adversários, arremessando-se com certa folga a cada arrancada, até finalmente ficar sozinho e bem à frente." Riis realizou essa façanha com 33 anos de idade como líder de uma equipe então desconhecida, a Telekom, a primeira vez em que ele recrutou uma equipe em dez anos de competição. Enquanto dono da equipe CSC, ele deixou muita gente de sobrancelha em pé ao formar um clube de primeira linha no prazo de dois anos. Enquanto ciclista, Riis sempre enfrenta os desconfiados com uma resposta: Nunca nenhum exame que fiz deu positivo. Ele atribuiu seu sucesso ao pólen de abelha, aos métodos de treinamento e à sua "mentalidade vencedora", incorporando todos esses elementos no programa da equipe CSC. Em 2004, Riis denunciou os trapaceadores em uma carta pública: "Para não ser grosseiro, é extremamente frustrante ver como alguns esportistas não põem em prática o desejo que a maioria de nós tem de um esporte saudável, responsável e profissional."

Marion Jones, a velocista *superstar* e capa da *Vogue*, foi atestada inocente em todas as 160 amostras que forneceu em sua ilustre carreira. Ela teve um sucesso vertiginoso na Olimpíada de Sidney, em 2000, ganhando cinco medalhas, três delas de ouro. Seus rendimentos anuais, que incluem as bonificações ganhas nas provas e contratos de publicidade, ultrapassam US$ 1 milhão. Mas os boatos a perseguiram, não apenas por causa de suas companhias, particularmente seu ex-marido, C. J. Hunter, seu ex-namorado Tim Montgomery e seu treinador Trevor Graham. Hunter, campeão de lançamento de peso, foi acusado quando seu exame deu positivo para o esteroide nandrolona milhares de vezes acima do nível normal. Montgomery, detentor do recorde mundial de 100 metros, e Graham, renomado treinador de inúmeros atletas com a imagem manchada, foram personalidades importantes no escândalo do BALCO.

No entanto, Jones negou determinantemente ter usado *doping* alguma vez. Em sua autobiografia, ela fala aos berros, em letras garrafais vermelhas:

"SEMPRE FUI CATEGÓRICA NAS MINHAS OPINIÕES: SOU CONTRA AS DROGAS PARA AUMENTAR O DESEMPENHO. NUNCA AS UTILIZEI E NUNCA USAREI."

Para o caso de alguém não entender o recado, ela salpicou as palavras em uma página inteira do seu livro. Quando o dono do laboratório BALCO, Victor Conte, alegou que ela já havia usado *doping* "antes, durante e depois da Olimpíada de 2000", Marion Jones moveu uma ação judicial contra difamação no valor de US$ 25 milhões. Ele por sua vez relatou: "Marion Jones aplicou a injeção comigo sentado bem ao seu lado [...]. (Ela) não gosta de aplicar na área do estômago [...]. Ela costumava aplicar no quadríceps". Ele narrou isso em uma entrevista ao *20/20*, programa sobre a vida de personalidades públicas. Os advogados de Marion Jones recusaram-se a aceitar a declaração de Victor Conte, considerando-a "simplesmente inacreditável". Quando C.J. Hunter, seu ex-marido, também a comprometeu, ela o chamou de mentiroso vingativo. Em um momento em que inúmeros atletas de elite do atletismo estavam sendo expostos, como a bicampeã mundial de corrida de fundo Kelli White, a campeã mundial de 200 metros Michelle Collins, a detentora do recorde mundial de 1.500 metros Regina Jacobs, o velocista inglês e recorde europeu Dwain Chambers e os gêmeos medalha de ouro olímpica Calvin e Alvin Harrison, Marion Jones permaneceu de cabeça erguida, sem nunca ter obtido um resultado positivo nos exames. Ela condenou o tratamento injusto da mídia e queixou-se: "Os atletas que não apresentaram resultados positivos foram arrastados para a lama."

Em seguida, em agosto de 2006, Jones levou um susto: a amostra "A" que ela havia fornecido no Campeonato dos EUA deu **resultado positivo** para EPO (eritropoietina), uma réplica tecnologicamente avançada de *doping* sanguíneo que previne as desagradáveis transfusões sanguíneas. Seus detratores mostravam as garras e ela continuava negando. Seu treinador na época, Steve Riddick, declarou: "Eu apostaria minha vida que ela não usou EPO." No prazo de um mês, a amostra "B" foi declarada inconclusiva. Portanto, temporariamente, a integridade de Marion Jones permaneceu intacta.

Agora era o momento de seus defensores envaidecerem. Eles se investiram contra a veracidade do exame de EPO porque o resultado positivo obtido da amostra "A" foi anulado pela amostra "B" inconclusiva. Seu advogado lamentou: "Marion Jones foi erroneamente acusada de violar as regras *antidoping* e sua reputação foi injustamente colocada em questão." Marion Jones, por sua vez, reiterou:

"Sempre afirmei que jamais usei drogas para aumentar o desempenho, e estou contente que esse fato tenha sido demonstrado por um método científico."

Qual era o elo comum entre Marion Jones e Bjarne Riis? Ambos chegaram ao cume, cada um em sua modalidade, ambos passaram em todos os exames de *doping* ao longo do caminho, ambos colheram os frutos propiciados aos *superstars* e ambos desprezaram as acusações com declarações públicas contundentes de honestidade. Finalmente e igualmente importante, **ambos trapacearam de maneira vergonhosa**. Dez anos após sua emocionante vitória, muito tempo depois que ele deixou as competições de ciclismo, Riis admitiu publicamente ter feito uso de *doping* de maneira considerável, incluindo EPO, HGH e cortisona. Marion Jones acabou admitindo em 2007, mas somente depois que os promotores públicos federais ameaçaram levá-la a julgamento por acusações de perjúrio provenientes das várias mentiras que ela lançou sobre os investigadores do BALCO. Ela passou seis meses na prisão. (Em contraposição, Tyler Hamilton, o campeão olímpico bem-apessoado, nunca admitiu ter trapaceado; ao voltar para as competições de ciclismo, após sua suspensão em 2005, por várias vezes não passou nos exames de *doping*, e a suspensão de oito anos que recebeu em 2009 efetivamente terminou com sua carreira.)

Os defensores de Marion Jones alegaram que seu martírio no Campeonato dos EUA em 2006 foi um exemplo concreto de **erro falso-positivo**. Na realidade, o exame de Jones deu negativo nessa competição em virtude da amostra "B" inconclusiva, e isso a protegeu automaticamente contra falsos-positivos. Tendo em vista os acontecimentos subsequentes, alguém poderia inverter a questão e perguntar se, em vez de um falso-positivo, o resultado tivesse sido um falso-negativo? Essa situação era mais provável, ainda que Jones tenha confessado *doping* não intencional entre setembro de 2000 e julho de 2001 (ou seja, não em 2006). Tal como Barry Bonds, ela alegou que acreditava que o "límpido" fosse óleo de linhaça até o momento em que o escândalo do BALCO veio à tona. Entretanto, seus vários delatores sustentaram que ela tinha total conhecimento. Somente Marion Jones e sua equipe saberiam de toda a verdade.

O *Daily Telegraph*, de Londres, ao avaliar o excêntrico fracasso de Marion Jones, apresentou seu ponto de vista: "A **inconveniente verdade** de que obter um resultado negativo não significa nada é sem dúvida a principal constatação no episódio de Marion Jones." A jornalista estava bem afinada em sua avaliação, e ficamos a perguntar por que apenas algumas outras pessoas deram-se conta da questão. A análise estatística demonstra que no exame de esteroide um resultado negativo tem de longe menos valor do que um resultado positivo. Como mostra a Figura 4.1, para cada usuário de *doping* pego em flagrante (verdadeiramente positivo), deve-se supor que dez outros escaparam incólumes (falsos-negativos).

Os falsos-negativos, e não os falsos-positivos, são a verdadeira história dos exames de detecção de esteroides.

Preste atenção particularmente nestes dois números: a porcentagem de amostras declaradas positivas pelos laboratórios *antidoping* e a porcentagem de atletas que supostamente utilizam esteroides. Dentre os milhares de exames conduzidos a cada ano, normalmente 1% das amostras é declarado positivo. Portanto, se 10% dos atletas forem usuários de *doping*, então quase todos eles — pelo menos 9% — teriam obtido resultados negativos e, desse modo, seriam falsos-negativos. (Se os atletas estivessem corretos quanto à incorreção de alguns dos resultados positivos, mais usuários teriam escapado.)

~####~

O problema dos falsos-negativos foi amplamente ignorado pela mídia e praticamente deixado à margem pelos atletas. Tyler Hamilton, Marion Jones e outros

Figura 4·1 Como os exames de esteroides deixam escapar dez usuários para cada usuário de *doping* identificado

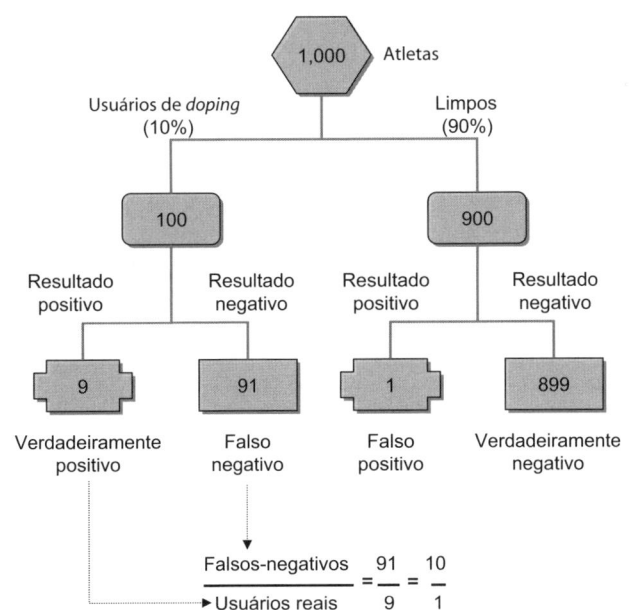

Se 10% de 1.000 atletas forem usuários de *doping*...

1.000 Atletas

Usuários de *doping* (10%) — Limpos (90%)

100 — 900

Resultado positivo — Resultado negativo — Resultado positivo — Resultado negativo

9 — 91 — 1 — 899

Verdadeiramente positivo — Falso negativo — Falso positivo — Verdadeiramente negativo

$$\frac{\text{Falsos-negativos}}{\text{Usuários reais}} = \frac{91}{9} = \frac{10}{1}$$

Os falsos positivos e os positivos verdadeiros devem somar 1% (10 positivos para cada 1000 testes). Um número maior de falsos positivos implica em um número menor de positivos verdadeiros, o que implica em um número maior de falsos negativos.

sustentaram que todos os resultados negativos ajudaram a provar sua inocência, mas nenhum resultado positivo poderia comprovar sua culpa! Dando vazão a Mark McGwire, eles poderiam muito bem ter entoado: "Quanto à questão dos exames de esteroide, estamos aqui para falar dos falsos-positivos, e não dos falsos-negativos." Mike Lowell expressou a mesma convicção em termos numéricos. Visto que três listas completas de escalação equivalem a 70 jogadores, e havia 30 equipes na Major League Baseball, ele estimou um total de 700 jogadores, cada um examinado uma vez ao ano. Dos 700 jogadores, 693 "passaram no exame", e isso significa que eles estavam "limpos"; os outros 7 eram falsos-positivos, o que significa que eles também estavam "limpos". Em outras palavras, todos os 700 estavam "limpos", mas para 7 jogadores azarados o resultado do exame foi positivo. No mundo de Lowell, o único exame aceitável era aquele com resultados apenas negativos.

Alguns desprezam os falsos-negativos como se fossem erros que não produzem vítimas. Não é verdade. Como registrou Michael Johnson, o excelente velocista das sapatilhas Nike douradas: "Os atletas que terminam atrás (do vencedor que trapaceou) nunca experimentarão a glória nem serão recompensados com os benefícios financeiros que merecem por seu trabalho árduo." Michael Johnson enxergou o problema dos falsos-negativos, o que é louvável e respeitável. A contagem de vítimas de Marion Jones teve de começar por suas companheiras de equipe de revezamento (das quais foi exigido que devolvessem suas medalhas), e além disso havia todos os medalhistas de prata que deveriam ter ganhado ouro, todos os medalhistas de bronze que deveriam ter ganhado prata e todos os que finalizaram em quarto lugar que deveriam ter ganhado bronze. Todos eles esperaram sete anos para ficar sabendo que foram trapaceados. (Numa virada sarcástica, no final algumas das "vítimas" também se revelaram trapaceiras. Por exemplo, quatro dos sete finalistas que competiram com Ben Johnson desde então foram desmascarados como usuários de *doping*.)

Vários atletas escapam impune de suas trapaças. Na comunidade *antidoping*, essa declaração não desperta polêmica. Em uma análise crítica para o *The New York Times* sobre os exames toxicológicos, o professor Charles Yesalis revelou: "É praticamente impossível identificar erroneamente uma substância quando o exame de uma pessoa dá positivo. [Entretanto,] foi comprovado que os exames não conseguem pegar todos os usuários de *doping*." Na avaliação do dr. Rasmus Damsgaard, que administra programas *antidoping* para equipes profissionais de esqui e ciclismo: "Talvez centenas, talvez até milhares de amostras positivas de EPO estejam juntando poeira nos laboratórios autorizados da Wada", ou seja, depois de terem passado pelo exame. Se meditasse sobre casos de *doping* anteriores, talvez David Letterman se sentisse inspirado a elaborar uma de suas famosas listas **"dez mais"** de dicas práticas para produzir um falso-negativo. Nesse caso, provavelmente ele procuraria os métodos a seguir, que na verdade foram empregados, de acordo com os atletas que vivenciaram essa experiência na pele:

10. Quando o examinador estiver olhando para outro lado, acrescente um pouco de uísque e dê uma sacudida (nadadora irlandesa Michelle Smith).
9. Envie os examinadores para o lugar errado e, em seguida, simule um acidente de moto para evitar o exame fora de competição (Velocista Konstantinos Kederis, também conhecido como o "o maior velocista grego já existente").
8. Insira a urina de uma amiga dentro de seu corpo e solte-o rapidamente quando o examinador aparecer. Meu mérito aumentou pelo fato de cooperar (Estrela russa das pistas Yelena Soboleva e seis companheiras de equipe).
7. Acredite na fragilidade humana. Se um técnico de laboratório ignorante congelar uma das amostras, o laboratório não poderá submetê-la a exame (Tyler Hamilton).
6. É tudo uma questão de tempo! Você tem que saber quanto tempo leva para a substância ser eliminada (Velocista norte-americana Kelli White).
5. É fácil para os homens. Usem uma prótese e forneça-lhes uma urina falsa (Clientes dos produtos Whizzinator e similares).
4. Adiante-se aos acontecimentos; use apenas a substância mais moderna do fornecedor. Eles não sabem o que é, então não fazem exame para isso. Entendeu, não é? (Atletas do BALCO)
3. É um barato natural. A testosterona é toda sua. Você simplesmente fica mais másculo do que os adversários (Ciclista norte-americano Floyd Landis).
2. É fácil entrar direto pela porta da frente. Solicite o passe para trapacear; ele se chama isenção para uso terapêutico. Você tem asma, você pode se dopar (Vários atletas).

E a **primeira dica** prática para produzir um falso-negativo é... **sentar e relaxar, visto que os examinadores intimidados deixarão os trapaceadores sair a galope ao sol poente com medo de manchar equivocadamente a reputação dos atletas honestos**.

Poderia isso ser mesmo verdade? Segundo a sabedoria convencional, os examinadores e os trapaceadores se envolvem em uma briga de gato e rato de alta tecnologia, em que os examinadores santarrões, ávidos — talvez extremamente ávidos — por pegar os trapaceadores, tendem a lançar uma enorme rede, colocando vários inocentes em uma cilada. Contudo, assim que percebemos os incentivos que levam os examinadores a olhar para o outro lado, o jogo parece terminar de uma maneira diferente. Os examinadores hesitam porque são influenciados pelos custos assimétricos dos dois tipos de erro. O falso-positivo — na verdade, qualquer positivo, como observou Tygart — será rigorosamente questionado em juízo pelo acusado. O positivo que é anulado publicamente humilha as autoridades *antidoping* e diminui a credibilidade do programa de exames. Em contraposição, os resultados negativos só podem ser comprovados falsos se os atletas, como Riis, tomarem a iniciativa de confessar. Portanto, a maioria dos falsos-negativos nunca vê a luz do dia. Os atletas e da mesma maneira os examinadores podem se esconder atrás do anonimato do falso-negativo. Os examinadores hesitam porque o erro falso-negativo encerra custos insignificantes, ao passo que o falso positivo pode se alastrar e tornar-se altamente nocivo. Visto que as agências *antidoping* correm atrás apenas dos casos mais sérios, não é de surpreender que tenham vencido quase todos eles. Nosso sistema de justiça criminal faz o mesmo julgamento de valor: poucos assassinos escapam impunes, de modo que pouquíssimas pessoas inocentes são condenadas à cadeira elétrica.

~###~

Os examinadores intimidados ficam ávidos por minimizar os falsos-positivos. Esse objetivo não é incompatível com o desejo de evitar erros falsos-negativos, ou será que é? De acordo com os estatísticos, **sim**, é definitivamente incompatível. Os examinadores enfrentam um desagradável dilema: menos falsos-positivos significa mais falsos-negativos; menos falsos-negativos significa mais falsos-positivos. A título de ilustração, a seguir examinaremos como esse dilema se manifesta nos exames de esteroides, usando o exame de hematócrito para identificar usuários de *doping* sanguíneo.

Embora nada menos que nove campeões do *Tour de France* tenham sido defraudados desde 1975, Bjarne Riis se distingue por levar o apelido de **sr. 60%**, uma referência sarcástica à taxa de hematócrito que ele alega ter. O nível de hematócrito mede o volume de glóbulos vermelhos como porcentagem do volume sanguíneo. Os homens normais apresentam uma taxa de mais ou menos 46%. Uma taxa de 50% ou superior é considerada anormal e a de 60% é fora do normal, porque o sangue torna-se muito viscoso, provocando uma pressão exagerada no coração. O efeito é semelhante a sugar um *milk shake* espesso em um canudo estreito.

Antes da disponibilização de exames mais avançados, a União Ciclista Internacional (conhecida por sua sigla em francês UCI — Union Ciclista Internationale) utilizou o exame de hematócrito para identificar supostos usuários de EPO, hormônio secretado naturalmente pelos rins que estimula o aumento dos glóbulos vermelhos. Ao injetar EPO, os atletas de resistência elevam a contagem de glóbulos vermelhos (e o nível de hematócrito), aumentando a capacidade de transporte de oxigênio pela corrente sanguínea. O treinamento em altitude oferece benefícios semelhantes, mas é inconveniente e, ao que consta, menos eficaz. A EPO é basicamente uma forma moderna de *doping* sanguíneo. É também potencialmente mortífera: os médicos suspeitam de que o motivo pelo qual nos últimos anos inúmeros ciclistas jovens — homens em boa forma no apogeu da vida — sofreram ataques cardíacos fatais durante o sono tenha sido o uso excessivo de EPO. Costuma-se dizer: "Os ciclistas vivem de pedalar durante o dia e à noite pedalam para se manterem vivos." Supostamente, alguns usuários de EPO acordam várias vezes à noite e correm para os equipamentos de ginástica para elevar a taxa de batimentos cardíacos!

A UCI costumava desqualificar todos os atletas que apresentassem uma taxa de hematócrito superior a 50%. Essa norma afastava os usuários de *doping*, mas também aqueles que têm um "nível natural alto"; por exemplo, cerca de 20% das pessoas que vivem nas montanhas têm um volume de glóbulos vermelhos superior a 50% e são vitimadas pelos falsos-positivos. Prevendo que isso pode ocorrer, a UCI não considerou os positivos uma violação das regras *antidoping*. Em vez disso, considerou a desqualificação uma medida para proteger a saúde dos ciclistas.

Segundo os estatísticos, foi o limite de 50% empregado para separar o natural do não natural que estabeleceu esse dilema inevitável entre os dois tipos de erro. Se os examinadores tivessem usado 60%, poderiam ter reduzido os falsos-positivos, mas sem dúvida mais usuários de *doping* escapariam da detecção. De modo semelhante, diminuir a desqualificação do nível de hematócrito reduziria os falsos-negativos, mas à custa de uma maior quantidade de falsos-positivos.

Atualmente, a Wada fia-se em exames de urina mais sofisticados e mais precisos para detecção de EPO. Independentemente de os exames de esteroides avaliarem o nível de hematócrito ou outro indicador, o princípio de todos os exames é o mesmo. Estabelecendo o limite de distinção, as autoridades *antidoping* ajustaram explicitamente os exames de acordo com sua tolerância a cada tipo de erro. Em virtude da tendência dos falsos-positivos de gerar publicidade negativa, **conter esses erros é prioridade máxima**. Contudo, essa medida significa que, inevitavelmente, alguns trapaceadores serão deixados à solta, em especial porque os examinadores podem se esconder por trás dos falsos-negativos, que são invisíveis. Tendo em vista a oscilação e influência dos custos assimétricos, os examinadores hesitam.

~####~

Embora as agências *antidoping* tendam a minimizar os falsos-positivos, muitos atletas repercutem o temor de Mike Lowell. Rafael Palmeiro acreditou que uma injeção de vitamina B12 teria provocado um falso-positivo. Tyler Hamilton disse que a síndrome de gêmeo desaparecido havia provocado um falso-positivo. Floyd Lands, ciclista norte-americano, alegou que algumas cervejas elevaram seu nível de testosterona. Petr Korda, tenista tcheco, acreditou que a ingestão de carne de novilhas alimentadas com nandrolona teria sido a causa de seu exame positivo. David Martinez, lançador de disco espanhol, citando os porcos como exemplo, criou um com nadrolona para provar seu argumento. Ben Johnson por muito tempo alegou que Carl Lewis "reforçava" seus energéticos, o que teria provocado um positivo. Justin Gatlin, outro velocista norte-americano, disse que sua massagista friccionou em suas pernas uma pomada contendo esteroide. Zach Lund, piloto de *skeleton* norte-americano, sabia que a substância finasteride encontrada em seu corpo provinha de um remédio para calvície.

Podemos até acreditar em todas ou em algumas dessas alegações. Não importa, porque, do ponto de vista científico, nenhum desses efeitos na verdade constituem um falso-positivo! Para ver o motivo, devemos distinguir o exame químico do exame de integridade. No exame clínico, o falso-positivo ocorre quando os examinadores informam ter encontrado uma substância ilegal que, na realidade, não existe na amostra. Em cada um dos casos que acabamos de citar, o atleta reconheceu tacitamente a presença da droga ilegal. Portanto, todos os casos eram verdadeiramente positivos, não obstante as explicações pitorescas sobre como os esteroides haviam penetrado no corpo deles. Desse modo, como podemos avaliar as alegações sobre suplementos nutricionais, bebidas adulteradas e assim por diante? Podemos acreditar na palavra dos atletas? Essa não é mais uma questão para a ciência; ela descamba para o âmbito da **detecção de mentiras**, que é a direção para onde seguimos neste momento.

~####~

O **polígrafo dos tempos modernos** é uma pasta portátil amedrontadora com ferramentas de diagnóstico médico, como um tubo flexível para ser ajustado ao tórax para observar o ritmo da respiração, um aparelho de pressão de braço para medir a pressão arterial e a pulsação e eletrodos para serem colocados na ponta dos dedos para medir a condutividade da pele. Psicólogos forenses acreditam que o ato de mentir ou o medo de ser pego mentindo aumenta a ansiedade e, cientificamente falando, o polígrafo detecta ansiedade, e não a dissimulação de fato. William Marston, psicólogo formado em Harvard e primeiro a relatar variações na revelação da verdade e na pressão arterial, não conseguiu popularizar esse conceito no início do século XX, mas acabou se tornando imortal ao criar a heroína dos quadrinhos Mulher Maravilha, que não coincidentemente manuseava um laço mágico que "fazia com que todos os enlaçados contassem a verdade".

Em vez de "detector de mentiras", o polígrafo é na verdade um instrumento de coleta de dados: os dados podem indicar sinais de ansiedade, mas a farsa é apenas um dos vários fatores que elevam a pressão arterial, aceleram a respiração e assim por diante. Portanto, a função do examinador na utilização do polígrafo é vital no sentido de distinguir se o indagado é mesmo um mentiroso ou não. O polígrafo, sem um examinador competente, é semelhante a um gráfico da bolsa de valores sem um analista experiente: **resmas de números sem nenhum significado**.

O examinador em geral é um funcionário aposentado da polícia ou de um serviço de inteligência que utiliza o polígrafo na condução de investigações. Ele recebe treinamento profissional, como o curso de 30 semanas no Instituto de Polígrafo do Departamento de Defesa, seguido por um estágio de seis meses. Essa pessoa desenvolveu segurança em relação à sua capacidade de interpretar flutuações nos diversos indicadores corporais, como pulsação e pressão arterial. Para estabelecer um parâmetro de ansiedade, o examinador costuma envolver o indagado em longas conversas preparatórias, inclusive com uma prévia das perguntas do exame. O exame de fato começa quando o examinador sente que o indivíduo sob avaliação está completamente à vontade. Sempre que o examinador percebe sinais de dissimulação, ele suspende o exame para obter informações sobre o estado mental do avaliado. Ao longo do exame, o examinador observa com atenção as medidas defensivas — táticas que o indagado pode empregar para desviar o examinador do caminho, como conter-se em falar (morder a língua), controlar a respiração, contrair determinados músculos, pisar deliberadamente em uma tachinha alojada dentro do sapato, fazer contagem regressiva e inúmeras outras táticas que os diretores popularizaram nos filmes.

~###~

Em 2005, o fervilhante escândalo do esteroide na Major League Baseball transbordou quando Jose Canseco, o grande rebatedor seis vezes integrante do Jogo das Estrelas e autodesignado "Padrinho dos Esteroides", ativou seu lança-chamas conhecido pelo nome de *Juiced*, sua dedurage bombástica da subcultura do esteroide nos vestiários do beisebol. Canseco jogou granadas do tipo: "Se eu tivesse que dar um palpite, diria que oito em cada dez jogadores mantinham *kits* com hormônios do crescimento, esteroides e vitaminas nos armários." Para atiçar o interesse da mídia, contudo, ele citou nomes, a começar pelos favoritos dos fãs, como Mark McGwire, Juan Gonzalez, Ivan Rodriguez, Rafael Palmeiro e Jason Giambi. Com relação a McGwire, Canseco relatou: "Mark e eu costumávamos nos esconder num compartimento do banheiro masculino, encher nossas seringas e injetar. Muitas vezes era eu quem injetava em Mark." O autor de *Juiced* foi prontamente rotulado de vingativo, desprezível e delirante.

Não há fúria maior no inferno do que a de um **padrinho** rejeitado. Três anos depois de *Juiced*, Canseco recarregou seu lança-chamas, na sequência intitulada *Vindicated* (Vindicado). Longe de se repetir, ele reiterou suas afirmações anteriores e acrescentou algumas novas, como a suposição de que Alex Rodriguez, um dos astros mais valiosos do beisebol, era usuário de *doping*.

Para dirimir qualquer dúvida, Canseco divulgou a transcrição literal dos exames de dois detectores de mentiras conduzidos por especialistas de nome. Um deles, John Grogan, administrou o formato de interrogatório mais popular, conhecido como **Teste de Perguntas de Controle**, que mistura três tipos de perguntas: **pertinente**, **não pertinente** e de **controle**. O trecho a seguir foi extraído do início do exame de Canseco:

Grogan: Hoje é quinta-feira? [não pertinente]
Canseco: Sim.
Grogan: Seu nome é Jose? [não pertinente]
Canseco: Sim.
Grogan: Você e Mark McGwuire alguma vez conversaram a respeito do uso de esteroides ou de hormônio do crescimento humano? [pertinente]
Canseco: Sim.
Grogan: Seu sobrenome é Canseco? [não pertinente]
Canseco: Sim.
Grogan: Alguma vez você injetou esteroides ou hormônio do crescimento humano em Mark McGwire? [pertinente]
Canseco: Sim.
Grogan: Nos últimos dez anos, você mentiu para se beneficiar financeiramente? [controle]
Canseco: Não.
Grogan: Sua camiseta é preta? [não pertinente]
Canseco: Sim.

E assim foi. Grogan procurou identificar qualquer alteração emocional quando Canseco respondia a perguntas **pertinentes** *versus* **não pertinentes**. As perguntas "de controle" dizem respeito a categorias vagas e gerais de transgressão, furto de material de escritório e mentiras inofensivas, projetadas para que mesmo os interrogados sinceros sintam-se incomodados. Supõe-se que os mentirosos sintam maior ansiedade com as perguntas pertinentes e que os sinceros se incomodem mais com as perguntas de controle.

Grogan não tergiversou com relação ao desempenho de Canseco: "Ele está contando toda a verdade em todas as perguntas sobre hormônio do crescimento humano e esteroides. E o computador não deixa passar nada, nem o mais ínfimo e insignificante rastro. [...] Ele lhe deu uma pontuação de 0,1 em todos os gráficos, o que, se fosse na escola, equivaleria a **A+** em todos os gráficos coletados."
Pense bem nisso, beisebol!

~###~

Muitos outros atletas também tentaram limpar o nome por meio de exames de polígrafo. Os advogados da superestrela do atletismo Marion Jones, na tentativa de se defender dos boatos persistentes de que Marion Jones usava esteroides, declarou que ela havia passado no exame de polígrafo. Imediatamente, eles desafiaram seu principal incriminador, Victor Conte, fundador do BALCO, a se submeter ao polígrafo (ele nunca se submeteu). Eles desferiram um insulto: "É fácil ir à cadeia nacional de televisão e [...] fazer declarações 'falsas, maliciosas e capciosas' com a intenção de prejudicar a moral e a reputação de Marion Jones. No entanto, outra coisa é submeter-se a um exame de polígrafo que avaliará se uma pessoa é sincera ou insincera." Quando o *superstar* Roger Clemens, arremessador sempre em forma e popular, encontrou seu nome destacado no relatório do senador Mitchell, negou com furor esse envolvimento. Disse também a Mike Wallace, apresentador do programa *60 Minutes*, que ele poderia se submeter a um exame de polígrafo para provar sua inocência (mas posteriormente se retratou).

A prova do polígrafo encontra adeptos não apenas entre ícones do esporte, mas também entre políticos, celebridades e empresários. Jeff Skilling, o desacreditado diretor executivo da Enron, divulgou um exame de polígrafo favorável para escorar sua declaração de que não havia tido nenhuma participação nas negociações duvidosas que ocasionaram o colapso apocalíptico da gigante do setor de energia e limparam os fundos de pensão de milhares de funcionários. Um primo de J. K. Rowling submeteu-se a um exame de detector de mentiras, transmitido pela televisão norte-americana, para provar (em vão) que ele é quem havia sugerido o personagem de Potter dos romances de Harry Potter da autora. Larry Sinclair, um homem de Minnesota que alegou ter compartilhado a cama com o então candidato à presidência Barack Obama, vergonhosamente não passou no desafio do exame de polígrafo patrocinado pela Whitehouse.com. Larry Flynt apresentou uma prova de polígrafo para mostrar que uma prostituta de Nova Orleans estava dizendo a verdade quando revelou ter um caso extraconjugal com o senador David Vitter.

Portanto, talvez seja uma surpresa constatar que os tribunais de justiça norte-americanos por muito tempo consideraram os polígrafos inadmissíveis enquanto prova, desde o momento em que Marston tentou criar precedente e fracassou na década de 1920. Essa medida foi levemente afrouxada nos últimos anos em algumas jurisdições. Contudo, os advogados continuam se aproveitando das manchetes que apresentam os resultados dos detectores de mentiras. Um dos motivos é que o público parece confiar nos polígrafos. A opinião popular foi reforçada pelo sucesso inesperado do programa de televisão *O Momento da Verdade*, no qual foram distribuídas aos contendores atados aos polígrafos perguntas constrangedoras sobre relacionamentos pessoais, crimes insignificantes e diversos assuntos particulares. Em um episódio notável, a plateia aplaudiu quando a mulher de um oficial de polícia de Nova York admitiu publicamente ser infiel, declaração confirmada como verdadeira pelo polígrafo. Após sua estréia em janeiro de 2008 na Fox, o programa finalizou a temporada classificando-se como o mais assistido nos canais fechados, atingindo uma média de 14,6 milhões de telespectadores. Ao que consta, Jose Canseco anunciou sua intenção de enfrentar o examinador nesse programa popular em sua busca obstinada por credibilidade (embora esse programa nunca tenha ido ao ar).

~####~

O uso entusiástico e difundido dos detectores de mentiras corre no sentido oposto à sua condição não reconhecida no sistema jurídico norte-americano. Na década de 1920, os tribunais introduziram um teste de tornassol de "aceitação geral", o qual excluía provas de polígrafo a menos e até que a ciência conseguisse uma validação adequada. Quase um século se passou com avanços pouco consistentes: a comunidade científica revisou periodicamente as pesquisas disponíveis e reiteradas vezes advertiu o público de que os polígrafos **não são confiáveis** porque cometem muitos erros, em particular quando usados para examinar pessoas. Em 2002 e 1983, relatórios abrangentes apresentaram resultados práticos pouco distinguíveis. Entretanto, os legisladores deram opiniões variadas sobre a questão: o Congresso aprovou em 1988 a Lei de Proteção contra a Utilização de Polígrafos em Funcionários, proibindo as empresas norte-americanas de usar o polígrafo para exames de seleção de funcionários ou candidatos a emprego, mas não impediu os órgãos governamentais nem a polícia de utilizá-lo. Em 2008, o Congresso eximiu-se de inspecionar o Sistema Preliminar de Seleção e Avaliação de Credibilidade (Preliminary Credibility Assessment Screening System —

PCASS) depois que ficou sabendo que esse detector de mentiras portátil estava para ser implementado no Iraque e no Afeganistão.

Não obstante a falta de estatura judicial ou científica, o FBI (Federal Bureau of Investigation), a CIA (Central Intelligence Agency) e a grande maioria das forças policiais usam regularmente os polígrafos em investigações criminais. Eles utilizam os detectores de mentiras indiretamente, como forma de coagir os suspeitos a confessar. T. V. O'Malley, presidente da Associação Americana de Polígrafos, comparou o exame de polígrafo a "confessar-se com um padre: você se sente um pouco melhor quando se livra do peso". A confissão é uma prova que tem um poder impressionante nos tribunais; um proeminente acadêmico jurídico acredita que ela "torna os outros aspectos do julgamento desnecessários". Por esse motivo, as autoridades federais e locais de aplicação da lei consideram o polígrafo como "o dispositivo de coleta mais eficaz em seu arsenal de dispositivos de segurança". Nos EUA, é legal obter confissões alegando falso testemunho. Isso significa que a polícia tem liberdade para dizer ao suspeito que ele não passou no exame de polígrafo independentemente do que resultado de fato.

Quando as Forças Armadas dos EUA aprovaram o PCASS em 2007, o objetivo era utilizar esse dispositivo no controle de segurança (de cidadãos não norte-americanos), e não em investigações dirigidas. Essa aplicação não é nova; pelo menos dez entidades governamentais, como o FBI, a CIA, a Agência de Segurança Nacional, o Serviço Secreto, o departamento de Energia, a Força Administrativa de Narcóticos e a Agência de Inteligência de Defesa, bem como a maioria das forças policiais usam detectores de mentiras para fazer a seleção de funcionários novos ou atuais. Em seu momento áureo, o programa de controle do Departamento de Energia abrangeu todos os seus 20.000 funcionários; curvando-se à pressão de cientistas e do Congresso, posteriormente esse departamento restringiu a lista às 2.300 pessoas que têm acesso a determinados programas de "alto risco".

Os profissionais que utilizam o polígrafo e seus defensores argumentam que esse aparelho é suficientemente preciso e com certeza mais preciso do que qualquer outra opção. Eles têm certeza de que a mera presença do detector de mentiras intimida alguns interrogados e os leva a falar a verdade. Visto que o acordo real é a prova de confissão, eles não acham que a precisão tenha tanta importância quanto os acadêmicos dizem. Além disso, os resultados do polígrafo escancararam alguns casos difíceis.

~###~

Um exemplo claro foi o do assassinato de Angela Correa em Peekskill, Nova York. Em 15 de novembro de 1989, Angela Correa entrou nas matas do parque de Hillcrest para tirar algumas fotografias para a escola. Ela nunca mais saiu do parque. Dois dias depois, seu corpo foi encontrado parcialmente nu, coberto de folhas, violentado, espancado, estrangulado e sem vida. Ela tinha 15 anos de idade. Empregamos a palavra **perverso** para indivíduos que cometem crimes tão abomináveis. Os detetives da polícia, trabalhando a toque de caixa, obtiveram um perfil do agressor, dado pelo departamento de Polícia de Nova York: eles foram orientados a procurar por um homem branco ou hispânico, com menos de 25 anos de idade, provavelmente com 19, e de estatura abaixo de 1,77 m; alguém com alguma deficiência física ou lentidão mental; um indivíduo solitário e inseguro com as mulheres e que conhecia Angela Correa; alguém que não tinha envolvimento com as atividades escolares e com um histórico de agressões, drogas e álcool.

Desde a primeira semana os detetives não tinham dúvida de que um colega de classe de Angela a havia matado. Eles estavam de olho em Jeffrey Deskovic, um rapaz de 16 anos de idade, que se encaixava no perfil oferecido pelo Departamento de Polícia de Nova York. Consta que Deskovic havia faltado à escola no horário da morte de Angela Correa. Mais tarde, ele demonstrou uma estranha curiosidade pelo caso, apresentando-se voluntariamente aos detetives para ser interrogado, sem a presença da família, de um amigo ou de um advogado.

Entretanto, a investigação não saía do lugar, não apenas porque as evidências científicas haviam se demonstrado insatisfatórias e completamente negativas. Nenhuma das três amostras de cabelo coletadas no corpo de Angela Correa era de Deskovic (a polícia supunha que fossem do médico-legista e de seu assistente). Nenhuma impressão digital de Deskovic foi encontrada em no toca-fitas e na fita, em garrafas, em galhos e em outros itens coletados perto do corpo de Angela Correa. O que mais exasperou a polícia foi o fato de o DNA no esperma vivo colhido com um chumaço de algodão de seu corpo não corresponder ao de Deskovic. Na verdade, isso excluía especificamente ele. Tampouco os detetives tinham o depoimento de uma testemunha direta.

Deskovic foi interrogado nada menos que sete_ vezes ao longo da investigação, que durou dois meses. Ele começou a agir como se fizesse parte da equipe de investigação, compartilhando observações com os detetives e elaborando mapas da cena do crime. A polícia sabia que tinha o cara certo, mas estava decepcionada com o fato de ter provas tão escassas contra ele.

Desse modo, foi com o polígrafo que a polícia saiu vitoriosa. Em 25 de janeiro de 1990, Deskovic concordou em se submeter a um exame de polígrafo para provar que estava dizendo a verdade. Até esse dia, ele havia sustentado decididamente sua inocência. De manhã cedo, ele foi levado para Brewster, Nova York, onde ficou confinado por oito horas em um recinto de 9 metros quadrados, enfrentando revezadamente o detetive McIntyre e o investigador Stephens, que utilizaram a tática do tira bonzinho e do tira malvado. A certa altura, Stephens disse a Deskovic que ele havia sido reprovado no exame de polígrafo, havendo em seguida um confronto final no qual Deskovic confessou-se para McIntyre.

Em 7 de dezembro de 1990, um corpo de jurados condenou Jeffrey Deskovic por homicídio em segundo grau, estupro em primeiro grau e porte ilegal de arma de fogo em quarto grau. Em 18 de janeiro de 1991, ele recebeu uma pena máxima de 15 anos de prisão. O tribunal descreveu esse crime como uma "tragédia clássica". Deskovic por fim cumpriu 16 anos de prisão; foi libertado em setembro de 2006.

O investigador Stephens, como muitos outros oficiais da polícia, via o polígrafo como um suporte para "obter a confissão". Embora a maioria dos tribunais não admita a prova de polígrafo, apresentar o reconhecimento de culpa de um suspeito ampara o processo do promotor público; segundo pesquisas, o índice de condenação entre os processos criminais nos EUA com prova de confissão é de aproximadamente 80%. No caso de Angela Correa, a confissão de Deskovic ajudou os promotores públicos a superar a falta de evidências científicas e de depoimentos testemunhais. Sem o exame de polígrafo, não teria havido confissão nem, portanto, condenação.

~###~

Em Pittsburgh, o estatístico Stephen Fienberg, da Universidade Carnegie Mellon, ouvia com incredulidade o jornalista da MSNBC enquanto ele lhe falava sobre o recém-divulgado PCASS, o detector de mentiras portátil. O Exército já havia injetado US$ 2,5 milhões no desenvolvimento desse aparelho e comprou cerca de 100 unidades para as tropas do Iraque e do Afeganistão. Para o professor Fienberg, essa postura desprezava totalmente a opinião ponderada dos cientistas norte-americanos sobre a imprecisão das tecnologias de detecção de mentiras e do polígrafo em particular. Em 2002, ele atuou como diretor técnico do relatório no qual a Academia Nacional de Ciências (National Academy of Sciences — NAS) rejeitou retumbantemente o polígrafo, alegando tratar-se de ciência inadequada, em especial para ser empregado no controle da segurança nacional. O principal parecer do relatório como um todo foi o seguinte:

> *Tendo em vista o nível de precisão [do polígrafo], para obter uma alta probabilidade de identificação de indivíduos que apresentam maior risco de segurança em uma população com uma porcentagem muito pequena desses indivíduos, seria necessário ajustar o exame em um nível de sensibilidade tão alto que centenas ou mesmo milhares de indivíduos inocentes seriam envolvidos para cada violador importante da segurança que for identificado.*

Essa relação de falsos-positivos e positivos verdadeiros (centenas ou milhares para um) apreende de forma exemplar o que os cientistas rotularam de **"dilema inaceitável"**, que é uma variação do enigma enfrentado por cientistas *antidoping* na esperança de distinguir os usuários de *doping* em um pelotão de atletas limpos. Nesse caso, os examinadores de polígrafo precisam ajustar a sensibilidade dos aparelhos para contrabalançar os benefícios de talvez identificar indivíduos suspeitos com os custos de envolver erroneamente cidadãos cumpridores da lei. Entretanto, essas diferentes configurações simplesmente redistribuem os erros entre falsos-positivos e falsos-negativos, o que não é diferente dos limites estabelecidos para os exames de hematócrito. Para resolver o outro lado desse dilema, opinou a NAS: "A única forma de limitar com segurança a frequência de falsos-positivos é administrar o exame de uma maneira que quase certamente limitaria de modo rígido a porcentagem de transgressores graves identificados." A ciência é deplorável nesse sentido: à medida que os falsos-positivos refluem, os falsos-positivos fluem.

O relatório da NAS de 2002 recomendou especificamente que o governo reduzisse ou abolisse o uso do polígrafo na seleção de funcionários. No entanto, o jornalista investigativo da MSNBC desenterrou documentos não mais secretos divulgando como o exército estava buscando ofensivamente um novo polígrafo portátil para ser usado para esse fim. Uma espécie de imitação do polígrafo tradicional, o PCASS registra menos indicadores e com certeza é menos preciso do que seu predecessor. O papel fundamental do examinador é ab-rogado. Ele é substituído por um programa de computador "objetivo" que é facilmente passado para trás por medidas defensivas que ele não consegue enxergar, como controle da respiração e do ímpeto de dizer alguma impropriedade. Mais ainda, a NAS criticou o laboratório da Universidade Johns Hopkins contratado para fornecer o programa de computador, por ficar "impassível" em relação a solicitações frequentes de detalhes técnicos, de modo que o comitê de pesquisa não conseguisse concluir uma avaliação independente da metodologia do laboratório. No insípido acervo de pesquisas sobre a precisão do PCASS, os estudos foram em sua maioria conduzidos pelas mesmas pessoas que desenvolveram o próprio dispositivo (seria um conflito de interesses?) e não buscavam reproduzir as condições de campo em que ele seria implementado. Não obstante a ausência de uma ciência fundamentada para respaldar as alegações de eficácia, o Congresso não convocou nenhuma audiência sobre o PCASS.

Em uma medida de autorregulação, o Exército reconheceu as falhas do detector de mentiras portátil e restringiu preventivamente sua utilização na seleção de candidatos a emprego nas bases militares e na triagem de possíveis insurgentes nos locais de explosão de bomba. Como explicou o líder da equipe de contrainteligência Davi Thompson, os "Vermelhos" (os indivíduos identificados como fraudulentos) enfrentariam interrogatórios subsequentes, muito provavelmente por meio do exame de polígrafo tradicional, e não punições imediatas. Está implícita nessa mudança de postura a ideia de que o polígrafo será mais aceitável se estabelecermos expectativas menores — se deixarmos o PCASS fazer metade d o trabalho. Aparentemente esse acordo queria agradar a comunidade científica cética: embora a decisão não tenha engavetado completamente a implementação dessa tecnologia imperfeita, o Exército pelo menos restringiu sua função.

Longe de satisfeito, o comitê de Fienberg concluiu que embora os polígrafos sejam pouco úteis para investigações dirigidas, eles são em essência inúteis para seleção e triagem. Infelizmente, com respeito a expectativas menores, o desempenho dos detectores de mentiras é ainda pior! Um comentarista esportivo diria que o time está jogando abaixo do padrão do adversário. Para compreender por que isso tem de ser desse jeito, compare as duas seguintes situações em que o polígrafo consegue o nível de precisão de 90% alegado por seus defensores:

Situação A: Seleção

A entidade acredita que haja 10 espiões à espreita entre seus 10.000 funcionários (1 em 1.000).
Dentre os 10 espiões, o polígrafo identifica corretamente 90% (9) e aprova 1 incorretamente.
Dentre os 9.990 bons funcionários restantes, o polígrafo reprova incorretamente 10% (ou 999).
Para cada espião pego, 111 bons funcionários são incorretamente acusados.

Situação B: Alinhamento para Reconhecimento de Suspeitos

A polícia procura reconhecer 20 assassinos em um grupo de 100 suspeitos (1 em 5).
Dentre os 20 assassinos, o polígrafo identifica corretamente 90% (18) e aprova 2 incorretamente.
Dentre os demais 80 suspeitos inocentes, o polígrafo reprova 10% (ou 8).
Para cada 9 assassinos pegos, 4 cidadãos inocentes são acusados incorretamente.

Observe que a Situação B oferece uma relação custo-benefício sensivelmente mais favorável do que a Situação A: quando o detector de mentiras é usado em uma investigação específica, como no reconhecimento de suspeitos, o preço de identificar cada criminoso é inferior a 1 acusação incorreta, mas quando ele é usado para seleção, o custo comparável é de 111 inocentes vitimados.

Tendo em conta níveis de precisão idênticos em ambas as situações, o motivo real dessa diferença é a relação divergente de criminosos e inocentes submetidos ao exame. A Situação A (seleção) é mais exasperante porque a existência de tantos inocentes (999 em 1.000) transforma mesmo um ínfimo índice de erro em uma profusão de falsos-positivos e carreiras arruinadas. O sindicato dos jogadores de beisebol não ficaria contente se o pior cenário possível retratado por Mike Lowell se concretizasse. No caso de controle de segurança, a expectativa é de que quase todos os examinados não sejam nem espiões nem insurgentes. Portanto, a situação é equivalente à A, e não à B. Para superar a dificuldade da Situação A, é necessário ter uma tecnologia totalmente precisa, que forneça um grupo de vítimas de falsos-positivos extremamente pequeno. Os cientistas fazem advertências contra o PCASS exatamente em virtude das intenções militares de usar esse dispositivo para fazer a triagem de um monte de pessoas, em sua maioria inocentes; nesse âmbito, algumas vezes chamado de "previsão de fenômenos raros", o polígrafo e suas variantes não são definitivamente Laços Mágicos.

~###~

Quando Jeffrey Deskovic saiu da prisão em 20 de setembro de 2006, ele saiu como homem livre. Saiu também como um homem **inocente**. Não é um erro de digitação. Deskovic tornou-se o garoto-propaganda do Innocence Project, consultoria de auxílio legal gratuito cujo objetivo é anular condenações injustas por meio da mais recente tecnologia de identificação por DNA. Um pouco antes, nesse mesmo ano, os administradores desse projeto convenceram Janet DiFiore, nova promotora pública do condado de Westchester, a reexaminar o DNA de Deskovic. O resultado confirmou a prova forense inicial de que o silencioso colega de classe de Angela Correa não tinha absolutamente nada a ver com o homicídio. Mais importante ainda, o DNA do assassino era compatível com o de Steven Cunningham, cujo perfil havia sido inserido em um banco de dados de criminosos em virtude de outra condenação por homicídio, em relação à qual ele estava cumprindo uma sentença de 20 anos. Cunningham posteriormente confessou o homicídio e o estupro de Angela Correa, fechando o círculo para o gabinete de DiFiore.

Levou 16 longos anos para que Deskovic recuperasse sua liberdade e provasse sua inocência. Na época em que ele foi solto, em 2006, ele tinha 33 anos de idade, mas havia apenas começado sua vida adulta. Um jornalista do *The New York Times* o viu lutando com coisas simples da vida moderna, como procurar emprego, controlar o talão de cheques, dirigir um carro e fazer amigos. "Perdi todos os meus amigos. Minha família se tornou estranha para mim. Na época em que fui condenado, havia uma mulher com quem eu queria me casar, e perdi isso também", disse ele.

"Ele ficou encarcerado durante metade de sua vida por um crime que ele não cometeu." O gabinete de DiFiore não mediu as palavras em sua genuína revisão do caso de homicídio de Angela Correa. "O relato de Deskovic em 25 de janeiro foi de longe a prova mais importante do julgamento. Sem ele, o Estado não teria nenhuma causa contra ele. Ele nunca teria sido processado por matar Angela Correa. Ele nunca teria sido condenado. Nunca teria passado sequer um dia — muito menos 16 anos — na prisão", continuou DiFiore em seu relato.

Lembre-se do que ocorreu nesse fatídico dia: Deskovic consentiu em se submeter a um interrogatório por meio do polígrafo, durante o qual ele confessou um crime que ele não cometeu. Os detetives concluíram que Deskovic havia mentido quando alegou inocência, e esse erro de julgamento provocou um grave erro judicial. *A posteriori*, Deskovic ficou encarcerado durante metade de sua vida em virtude de um erro falso-positivo em um exame de polígrafo.

Em uma virada surpreendente, DiFiore reconheceu que as táticas utilizadas pela polícia eram em realidade lícitas. Eles têm permissão para solicitar exames de polígrafo (os suspeitos podem recusar) e extrair confissões, até mesmo mencionar uma prova falsa, como uma fictícia reprovação no exame de polígrafo. De acordo com Saul Kassin, proeminente psicólogo forense, esses métodos investigativos com frequência provocam confissões falsas. Um quarto dos condenados isentados pelo Innocence Project confessou crimes que não haviam cometido, e tal como Jeffrey Deskovic muitos o fizeram durante exames de polígrafo.

Pode-se até imaginar que pessoas normais não façam confissões falsas. Contudo, uma importante pesquisa realizada por Saul Kassin e outros psicólogos refutou essa hipótese razoável. Saul Kassin disse sugestivamente que é a própria inocência que coloca pessoas inocentes em risco. As estatísticas demonstram que as pessoas inocentes são mais propensas a abrir mão dos direitos designados a protegê-las, como o direito ao silêncio e a advogado, e são mais propensas a concordar com polígrafos, buscas domiciliares e outras medidas discricionárias. Seu desejo de cooperar é alimentado por outro "mito da confissão" identificado por Saul Kassin, a crença incorreta de que os promotores, os juízes e os jurados reconhecerão uma confissão falsa à luz de outra prova (ou da falta de prova). Infelizmente, a prova da confissão pode ser esmagadora. Saul Kassin relatou que em seus experimentos com uma banca simulada de jurados, mesmo quando os jurados afirmaram que haviam ignorado a confissão considerando-a duvidosa, os índices de condenação desses casos ainda foram significativamente superiores aos dos mesmos casos apresentados sem a prova da confissão. Além disso, esse resultado manteve-se o mesmo quando os jurados foram especificamente instruídos a ignorar a confissão.

O primeiro mito da confissão, segundo Saul Kassin, é a concepção errônea de que os interrogadores conseguem detectar o que é verdade e o que é mentira, uma contestação que se interpõe diretamente aos defensores do polígrafo. Ele mencionou pesquisas do mundo inteiro que descobriram de maneira consistente que os especialistas autodeclarados, como interrogadores da polícia, juízes, psiquiatras, inspetores alfandegários e equivalentes, não são de forma alguma melhores para identificar uma mentira do que as pessoas com olhos não treinados. Mais alarmante do que isso, evidências recentes demonstram que o treinamento profissional em técnicas de interrogatório não influi na precisão, apenas reforça a autoconfiança — uma condenação equivocada, quando não um delírio.

A tragédia de Deskovic foi um exemplo. Exceto sua confissão, todo o resto era exculpatório ou enganoso. A prova científica e forense inicial, não somente o teste de DNA, isentava Deskovic, mas foi descartada por teorias especulativas e então ignorada pelos jurados. Por exemplo, a acusação alegou que as amostras de cabelo, que não implicavam Deskovic, poderiam ser do médico-legista e de seu assistente, e o júri aceitou essa explicação sem prova. Quando Deskovic sustentou sua inocência na fase de sentenciamento e depois disso, afirmando que ele "não havia feito nada", o júri optou por acreditar em sua confissão inicial, que não havia sido registrada. O perfil apresentado pelo departamento de Polícia de Nova York, que supostamente se ajustava quase perfeitamente ao de Deskovic, errou o alvo em todos os sentidos: o verdadeiro perpetrador, Cunningham, era negro, e não branco ou hispânico; tinha quase 30 anos, e não menos de 19 ou 25; e era um total estranho para a vítima, não alguém que ela conhecesse.

Os psicólogos temem que estejamos vendo apenas a ponta do *iceberg* das condenações equivocadas. Os estatísticos explicam com mais detalhes: quando utilizamos o polígrafo para seleção e triagem, como no projeto do PCASS, pode haver **centenas ou mesmo milhares de falsos-negativos para cada ameaça corretamente identificada contra a segurança.** Alguns ou talvez a maioria desses falsos-negativos provocarão confissões falsas e condenações equivocadas.

~###~

Quanto ao algoritmo de computador do PCASS, o Exército solicitou que os verdes (aqueles avaliados como sinceros) fossem minimizados e os vermelhos (os farsantes) fossem favorecidos em relação aos amarelos (inconclusivos). Por conseguinte, os pesquisadores da Johns Hopkins fixaram o índice de aprovação — isto é, a porcentagem de verdes — em menos de 50%. Essa situação seria como se a agência *antidoping* fixasse o limite de hematócrito em 46%, desqualificando metade dos atletas limpos e, ao mesmo tempo, assegurando que todos os usuários de *doping* fossem identificados. O modo como o PCASS é ajustado nos indica que os chefes do exército preocupam-se demasiadamente com os falsos-negativos. Eles relutam em aprovar qualquer candidato a emprego se eles não tiverem certeza de que a pessoa não mentiu. Essa postura está totalmente de acordo com a crença prevalecente de que a detecção de até mesmo um único insurgente poderia ser devastadora. Afinal de contas, alguns ataques terroristas, como os do *anthrax* em 2001, podem ser perpetrados por um criminoso que age isoladamente, pelo menos até onde sabemos.

Ao dirigir seus esforços no sentido de assegurar que nenhum possível insurgente passasse despercebido, o Exército tem convicção de que provocou grande quantidade de erros falsos-positivos. Decorrente do inevitável dilema entre os dois erros, esse resultado é claro, a menos que se acredite que a maior parte do grupo de candidatos (aqueles considerados vermelhos) seja composto de insurgentes. A oscilação e influência da assimetria funcionam de forma inversa ao caso do exame de esteroides: nesse caso, o erro falso-negativo pode se tornar extremamente nocivo e ser amplamente difundido, enquanto os erros falsos-positivos ficam bem escondidos e podem vir à tona por meio do trabalho meticuloso de ativistas como os do Innocence Project.

~####~

Os custos assimétricos associados ao controle da segurança nacional inclinam os examinadores a aceitar os falsos-positivos e a minimizar os falsos-negativos, e isso gera graves consequências para todos os cidadãos. Para Jeffrey Deskovic, foram necessários 16 anos de perseverança, mais uma pitada de sorte dada pela nova promotora pública, para desmascarar esse grave erro falso-positivo. Em vários dos recentes casos de suposta espionagem que atraíram grande atenção do público, os suspeitos, como o cientista chinês-americano dr. Wen Ho Lee, supostamente levaram "pau" nos exames de polígrafo, mas foram por fim inocentados de espionagem, ganhando indenizações de vários milhões de dólares pelos problemas enfrentados. Esses falsos alarmes, além de custar aos investigadores tempo e dinheiro na perseguição de pistas que não vão dar em lugar nenhum, também mancham a reputação e destroem a vida profissional das vítimas e com frequência de seus colegas. A análise estatística confirma que muitos outros Deskovic, talvez centenas ou milhares ao ano, estão nessa situação, muito provavelmente sem tanta sorte.

Mesmo se acreditarmos no nível de precisão alegado pelos pesquisadores da Johns Hopkins, podemos concluir que, para cada insurgente verdadeiro pego pelo PCASS, 93 pessoas comuns seriam erroneamente consideradas mentirosas. Nesse caso, seu suposto "crime" foi estar no lugar errado na hora errada (consulte a Figura 4.2). As estatísticas espelham em grande medida os indivíduos da Situação A apresentada anteriormente, em que mesmo um ínfimo índice de falsos-negativos pode ser ampliado pela presença de um grande número de pessoas comuns dentro do grupo de candidatos (9.990 em 10.000, em nosso exemplo). O detector de mentiras portátil exige um alto custo para pegar os oito ou nove insurgentes, com quase 800 inocentes considerados farsantes equivocadamente.

Figura 4·2 Como o PCASS gera 100 falsos alarmes para cada insurgente pego

Se 10 insurgentes (0,1%) estiverem escondidos entre os 10.000 candidatos a emprego...

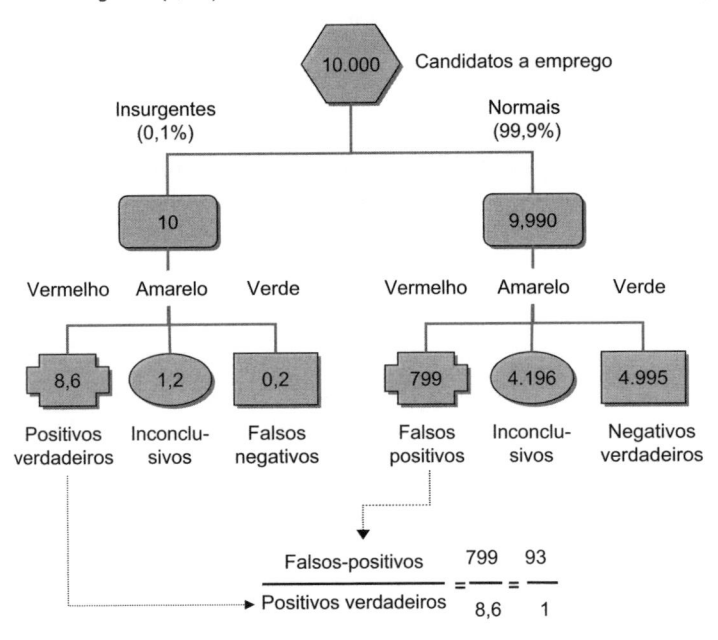

```
                        10.000  Candidatos a emprego
          Insurgentes                    Normais
            (0,1%)                      (99,9%)

              10                          9,990

  Vermelho  Amarelo  Verde      Vermelho  Amarelo  Verde

    8,6      1,2     0,2          799     4.196    4.995

  Positivos Inconclu- Falsos     Falsos  Inconclu- Negativos
 verdadeiros  sivos  negativos  positivos  sivos  verdadeiros
```

$$\frac{\text{Falsos-positivos}}{\text{Positivos verdadeiros}} = \frac{799}{8,6} = \frac{93}{1}$$

Para minimizar os falsos-negativos (insurgentes avaliados como "Verdes"), o PCASS é ajustado com um índice de aprovação inferior a 50%. Essa precisão do PCASS foi extraída do estudo de Harris e McQuarrie.

Essa preocupante relação custo-benefício pode nos espantar de quatro maneiras. Primeiro, ela contém um cálculo mórbido em que um grupo de quase 100 pessoas são encurraladas em virtude da infração de 1 pessoa, trazendo à tona memórias desagradáveis sobre o sistema de responsabilidade coletiva. Segundo, entre os vermelhos, não há como separar 8 ou 9 farsantes verdadeiros dos 800 acusados erroneamente. Terceiro, esse dispositivo de "seleção" dá a entender que é completamente ineficaz quando aprova apenas metade dos indivíduos (4.995 em 10.000) e, ao mesmo tempo, classifica o restante como "inconclusivo"; visto que esperamos que haja somente 10 insurgentes no grupo de candidatos, quase todos os amarelos são na verdade pessoas inofensivas. Quarto, ainda é necessário alcançar uma solução satisfatória em relação ao único insurgente ter recebido sinal verde ou amarelo incorretamente e quase 800 inocentes terem recebido "vermelho" fortuitamente. Agravam ainda mais esses problemas o exagerado nível de precisão e a possibilidade de medidas defensivas. Temos então uma tecnologia altamente suspeita.

Quantas vidas inocentes devemos arruinar em nome da segurança nacional? Essa foi a pergunta que o professor Fienberg levantou quando fez advertências contra o PCASS e outras técnicas de detecção de mentiras. "Talvez não faça mal algum se a televisão não conseguir diferenciar ciência e ficção científica, mas é perigoso quando o governo não sabe a diferença", afirmou o prof. Fienberg.

~####~

Verdade seja dita, os sistemas de detecção estão longe da perfeição. Os exames de esteroides padecem de um ataque de erros falsos-negativos, de modo que usuários de *doping* como Marion Jones e muitos outros podem se esconder atrás dos negativos. Uma coisa é procurar estruturas moleculares conhecidas nos tubos de ensaio; outra coisa completamente diferente é examinar as palavras de supostos mentirosos. Como Jose Canseco percebeu, o polígrafo é um dos poucos instrumentos nos quais nossa sociedade confia nessas situações. Entretanto, os estatísticos dizem que os detectores de mentiras geram um número exagerado de **erros falsos-positivos** que acabam ocasionando falsas acusações, confissões forçadas, pistas que não levam a lugar nenhum ou vidas arruinadas; o destino cruel que se abateu sobre Jeffrey Deskovic e sem dúvida inúmeros outros servem para nos prevenir contra esses excessos. Pior, a precisão dos sistemas de detecção decai sensivelmente quando os alvos a serem detectados ocorrem raras vezes ou são avaliados de maneira indireta; isso explica por que a seleção pré-admissional para controle de **possíveis** ameaças à segurança é mais difícil do que a triagem de violações **anteriores** contra a segurança por meio de indicadores fisiológicos indiretos, o que é mais difícil do que a detecção de uma molécula específica de esteroide.

Entretanto, o discurso público está centrado em outras questões. Quanto ao exame de esteroides, ainda ouvimos falar sobre o problema dos falsos-positivos — como as estrelas do esporte estão sendo caçadas por examinadores arrogantes. Na segurança nacional, tememos os falsos-negativos — como um único terrorista conseguiu passar furtivamente pelo controle. Consequentemente, os detentores do poder cujas decisões afetam nossas vidas decidiram que acusar equivocadamente os atletas e não detectar terroristas é mais caro do que subdetectar **usuários de doping** e condenações equivocadas.

Os estatísticos nos orientam a avaliar ambos os tipos de erro ao mesmo tempo, porque eles estão interligados por meio de um dilema inevitável. Na prática, os dois erros com frequência acarretam custos assimétricos e, ao ajustar os sistemas de detecção, os tomadores de decisões, de propósito ou não, serão influenciados pelo erro que é público e nocivo. No caso dos exames de *doping*, é o falso-positivo e dos polígrafos, o falso-negativo. Mas o dilema garante que qualquer iniciativa para minimizar esse erro agravará o outro; e pelo fato de o outro erro ser menos visível, seu dano normalmente não é percebido.

Por não haver um avanço tecnológico capaz de aperfeiçoar sensivelmente a precisão geral dos polígrafos, não é possível diminuir simultaneamente os falsos-positivos e os falsos-negativos. Portanto, o que nos resta é um dilema inaceitável e desagradável. Esse dilema é tão verdadeiro no PCASS quanto em outras iniciativas de triagem em larga escala, como os rumores de que vários construtos de mineração de dados fizeram brotar a "Guerra ao Terrorismo".

Após o 11 de setembro de 2001, um mercado novo e vasto abriu-se para o *software* de mineração de dados, antes comprado principalmente por grandes empresas. Em geral se admite que os ataques terroristas poderiam ter sido obstados se nossos órgãos de inteligência tivessem ao menos "juntado os pontos a tempo". Desse modo, por meio da construção de bancos de dados gigantescos que não perdem ninguém de vista — armazenando todas as chamadas telefônicas, *e-mails*, *sites* visitados, transações bancárias, registros tributários e assim por diante — e pondo em ação agentes de busca, *spiders*, *bots* (utilitário que desempenha tarefas rotineiras) e outras espécies de *software* com nomes exóticos para analisar minuciosamente os dados à velocidade da luz — vasculhando padrões e tendências —, nosso governo pode descobrir conspirações antes de os terroristas atacarem. Esses programas abrangentes e sigilosos são conhecidos por apelidos como TIA (Total Information Awareness;** posteriormente, recebeu o nome de Terrorism Information Awareness), ADVISE (de Analysis, Dissemination, Visualization, Insight e Semantic Enhancement)*** e Talon (aparentemente não é um acrônimo). Uma confiança festiva invadia a comunidade de mineração de dados, em virtude de suas promessas atrevidas, como no exemplo de Craig Norris, diretor executivo da Attensity, *start-up* situada em Palo Alto, Califórnia, que tem conta com clientes

---

** Total Conhecimento das Informações. (N. da T.)

*** Análise, Disseminação, Visualização, Percepção e Aprimoramento Semântico. (N. da T.)

como a Agência Nacional de Segurança e o Departamento de Segurança Nacional: "Você nem precisa saber o que você está procurando. Mas você reconhece assim que bate os olhos. Se um terrorista estiver planejando explodir uma bomba, talvez digam: 'Vamos fazer um churrasco'. O *software* consegue detectar se a palavra **churrasco** está sendo empregada em uma frequência acima do normal."

Se ao menos a vida real fosse tão perfeita...

Utilizar *softwares* de análise de dados para identificar conspirações terroristas é comparável a usar polígrafos em seleções pré-admissionais, porque coletamos informações sobre comportamentos passados ou atuais a fim de prever futuros comportamentos impróprios. Em ambos os casos, a confiança em provas indiretas e a oscilação dos falsos-negativos para os falsos-positivos tendem a produzir inúmeros falsos alarmes. Além disso, ambos as aplicações envolvem a previsão de fenômenos raros, e as conspirações terroristas são ainda mais raras do que os espiões! A raridade é calculada com base no número de objetos relevantes (digamos, espiões) que existem entre o grupo total de objetos (digamos, funcionários). Como todos os detalhes de nossa vida diária são sugados para esses gigantescos bancos de dados, o número de objetos examinados aumenta a uma velocidade vertiginosa e arriscada, o que não ocorre com o número de conspirações terroristas desconhecidas. Portanto, fica mais raro e difícil encontrar objetos relevantes. Se os sistemas de mineração de dados tiverem um desempenho tão preciso quanto os polígrafos, eles se afogarão sob o peso dos falsos-positivos em um tempo menor do que o necessário para afundar o PCASS.

O especialista em segurança Bruce Schneier considerou os sistemas de mineração de dados do mesmo modo que avaliamos os exames de esteroides e os polígrafos:

> "Supomos que o sistema [de mineração de dados] tenha um índice de falsos-positivos de 1 em 100 [...] e um índice de falsos-negativos de 1 em 1.000. Suponha que seja necessário esquadrinhar um trilhão de possíveis indicadores: isso equivale, nos EUA a cerca de 10 eventos por pessoa por dia — e-mails, telefonemas, compras, destinos na Web ou qualquer outra coisa. Suponha também que 10 deles sejam na verdade conspirações terroristas. Esse sistema cuja precisão não condiz com a realidade gerará um bilhão de falsos alarmes para cada conspiração terrorista real que descobrir. Todos os dias, em todos os anos, a polícia terá de investigar 27 milhões de possíveis conspirações para encontrar uma conspiração terrorista real por mês. Se aumentarmos a precisão dos falsos-positivos para 99,9999%, uma porcentagem absurda, ainda assim perseguiremos 2.750 falsos alarmes por dia, mas isso inevitavelmente aumentará os falsos-negativos, e nesse caso deixaremos passar algumas das 10 conspirações reais."

Porém, um sistema de mineração de dados realista não supera o nível de precisão dos polígrafos. Portanto, os números apresentados por Schneier (esquematizados na Figura 4.3) são extremamente otimistas, como ele mesmo adverte.

Os estatísticos que realizam o tipo de análise exploratória que Norris descreveu, em que o computador descobre padrões que "são reconhecidos assim que encontrados", sabem que esses achados são apenas aproximativos. Para adequar o exemplo de Norris, se nenhum terrorista tiver empregado a palavra **churrasco** como senha, nenhum sistema de mineração de dados a marcará como suspeita. Se houvesse um sistema tão prudente, descartaria milhões de falsos alarmes (**piquenique**, **guarda-sol**, **praia**, **tênis**, etc.). Desse modo, precisaríamos criar uma nova classe de crimes, uma exagerada redundância verbal comum, para descrever o perigo que é repetir uma palavra ou uma frase muitas vezes por iniciativa própria ou em alguma rede social.

Figura 4.3 Como as tecnologias de mineração de dados produzem bilhões de falsos alarmes

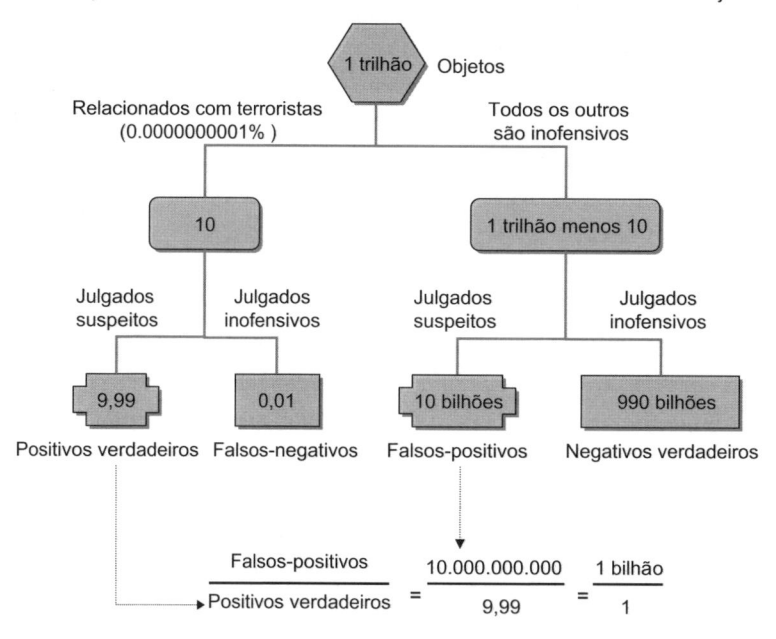

Se 10 objetos relacionados com terroristas estiverem ocultos entre 1 trilhão de objetos...

1 trilhão Objetos

Relacionados com terroristas (0.0000000001%)
Todos os outros são inofensivos

10
1 trilhão menos 10

Julgados suspeitos | Julgados inofensivos | Julgados suspeitos | Julgados inofensivos

9,99 | 0,01 | 10 bilhões | 990 bilhões

Positivos verdadeiros | Falsos-negativos | Falsos-positivos | Negativos verdadeiros

$$\frac{\text{Falsos-positivos}}{\text{Positivos verdadeiros}} = \frac{10.000.000.000}{9,99} = \frac{1 \text{ bilhão}}{1}$$

Por causa do número de objetos inofensivos que estão sendo examinados, até mesmo um ínfimo índice de falsos-positivos provoca uma imensa quantidade de erros. A precisão da tecnologia de análise de dados foi extraída de um cenário extremamente otimista de Schneier.

Esperar que os órgãos de inteligência "juntem os pontos" é um sonho irrealizável. Os pontos que de fato importavam foram revelados somente depois do 11 de setembro de 2001. A ideia de que conhecíamos os pontos e que só era necessário uni-los foi uma clássica e perfeita compreensão tardia do que devia ter sido feito. Imagine o seguinte: se em vez de avião os terroristas tivessem usado trem, estaríamos agora impacientes com relação aos outros pontos!

O interminável rufo do milagre dos sistemas de mineração de dados nos indica que extraímos ensinamentos errados do 11 de setembro. Sem dúvida, essa tragédia tornou tangível o custo inimaginável de um erro falso-negativo, do fracasso em identificar possíveis terroristas. Mas um medo exagerado em relação aos falsos-negativos inevitavelmente gerou demasiados falsos-positivos. Portanto, do ponto de vista estatístico, faz sentido o fato de que poucos presos de Guantanamo tenham sido condenados e muitos detidos tenham sido declarados inocentes ou libertados sem acusação. Quando os profissionais de *marketing* utilizam a mineração de dados para avaliar quais clientes reagirão positivamente às ofertas, os falsos-positivos podem fazer com que determinados clientes recebam correspondências não desejadas; quando os bancos usam a mineração de dados para avaliar quais transações de cartão de crédito são possivelmente fraudulentas, os falsos-positivos podem tomar tempo dos clientes honestos porque eles se veem obrigados a ligar para verificar por que determinadas despesas não foram autorizadas. Isso não passa de uma inconveniência se comparado com o trauma psicológico e o número de vidas arruinadas por causa do custo que poderia advir de uma "exagerada redundância verbal comum". Além das prisões equivocadas e da perda de liberdade civil, devemos considerar também o quanto é desmoralizante, o quanto é caro e o quanto é contraprodutivo para os agentes de inteligência perseguir milhões de pistas falsas.

O que deveríamos ter aprendido com o 11 de setembro de 2001 é que as conspirações terroristas são **eventos extremamente raros**. As tecnologias de detecção existentes não são suficientemente precisas para se qualificar para esse trabalho; sabemos que os polígrafos não conseguem fazê-lo, e os sistemas de mineração de dados de larga escala têm um desempenho ainda pior. **O dilema inaceitável continua simplesmente inaceitável**. O Laço Mágico continua sendo algo ilusório. Precisamos de algo melhor, bem melhor do que isso.

Capítulo 5

Acidentes aéreos/Boladas da sorte

O poder do que é impossível

A parte mais segura de sua jornada chegou ao fim. Agora, dirija com cuidado para chegar a sua casa.
— Piloto anônimo

1.000.000.000.000.000.000.000.000.000.000.000.000.000.000.000.000
— Um quindecilhão

Em 24 de agosto de 2001, uma lojista de Ontário, Canadá, reclamou um prêmio de 250.000 dólares canadenses na loteria Encore. Em 31 de outubro de 1999, um Boeing 767 mergulhou no oceano Atlântico, na Ilha de Nantucket, Massachusetts, sem deixar sobreviventes. Aparentemente, esses dois acontecimentos — ganhar uma fortuna e perder tudo — não tinha nada a ver um com o outro. Exceto quando se considera o quanto ambos são **improváveis**. Os estatísticos que acompanham os resultados nos informam que a probabilidade de ganharmos na loteria Encore é de 1 em 10 milhões, quase comparável a morrer em um acidente de avião. Com essa probabilidade tão remota, praticamente nenhum de nós viverá o bastante para ganhar na loteria Encore ou perecer em um acidente de avião. Contudo, cerca de **50%** dos americanos jogam nas loterias estaduais e pelo menos **30%** têm medo de voar. Esses dois comportamentos estão fundamentados em nossa crença em **milagres**: mesmo que os fenômenos raros não ocorram com frequência, quando de fato acontecem, acontecem conosco. Se alguém ganhará a sorte grande com um bilhete no valor de um milhão de dólares, essa pessoa somos nós, então **arriscamos** a sorte. Se um avião desaparecerá no Atlântico, estaremos nesse avião, então **evitamos** voar.

Em contraposição, os estatísticos normalmente assumem um ponto de vista contrário: eles reduzem a probabilidade das grandes boladas e não se preocupam com os acidentes de avião. Por que eles correriam o risco de morrer e se excluiriam do sonho de ficarem ricos? Será que eles estão falando sério?

~ # # # ~

Eram quase 2h da manhã, em 31 de outubro de 1999 — uma manhã de domingo em um fim de semana do Dia das Bruxas, muito tempo depois que os residentes da imaculada ilha de Nantucket haviam se despedido dos amigos de festa em uma noite fria incomum naquela estação. Stuart Flegg, carpinteiro que mudara havia 11 anos para um penhasco no sudeste de Nantucket, estava relaxando no quintal com os amigos e tomando algumas cervejas sob o céu estrelado. De repente, uma bola de fogo laranja rosnou no céu escuro e em seguida desapareceu silenciosamente na escuridão. Stuart Flegg esfregou os olhos, para ver se não estava delirando, e bateu nas costas do amigo, apontando na direção do clarão. Aquilo era diferente de tudo o que já havia visto antes. Stuart Flegg e seus amigos ficaram ali balbuciando por algum momento, e só depois a ficha caiu.

As palavras pareciam vir do nada e alastrar-se pela vizinhança como videiras selvagens. Poucos minutos antes, a 10.000 m acima do nível do mar, um Boeing 767 fez uma inclinação de 66 graus, partiu-se ao meio e embicou no mar, espalhando 217 criaturas nas águas azul-celeste do Atlântico. Os passageiros a bordo do voo 990 da EgyptAir enfrentaram horrorizados uma queda escarpada de 120 m por segundo, seguida de uma subida abrupta de 2.500 m, e novamente uma queda, dessa vez definitiva. Muitos outros detalhes foram divulgados ao longo dos meses e anos subsequentes. Naquele instante e lugar, para as testemunhas, para os parentes das vítimas e seus amigos e vizinhos, o impacto havia sido direto e devastador.

A confirmação dessa catástrofe mais do que depressa deu lugar à descrença, depois a uma quase desesperança; pouco tempo depois, com a divulgação das informações, viriam a aceitação da tragédia e um transbordamento de tristeza. Não demorou muito para que a curiosidade também se evidenciasse, uma preocupação carinhosa: *Conheço alguém que estava para viajar esta noite? Que embarcou no aeroporto Logan de Boston? Que comprou um bilhete da EgyptAir? Voando para o Cairo?* Um único **não** trazia alívio, mas quatro respostas afirmativas geravam medo e negação, uma busca frenética ao celular. Para a maioria, o medo de perder alguém querido é um sentimento que vai e volta, embora a incerteza possa persistir, agora em forma de precaução: *Por enquanto, é melhor cancelar as viagens de negócios e de férias. É melhor viajar por terra do que voar. É melhor evitar essas com-*

panhias aéreas estrangeiras *perigosas*. É melhor evitar o Logan ou os voos noturnos ou as escalas no JFK (de Nova York). É melhor nunca mais economizar nenhum centavo.

~###~

A 145 km de distância, em Boston, as redações dos jornais acordavam em alvoroço. Mais ou menos na metade da manhã, a CBS, NBC, Fox, ABC, CNN, MSNBC e Fox News já haviam alterado sua programação regular para dar cobertura ininterrupta ao acidente. Poucos negócios prosperam tanto com o **mórbido** quanto a mídia, particularmente em fins de semana preguiçosos, em que não há manchetes prontas. Os jornalistas que deram o furo sobre o desastre sabiam que esse era o momento de brilhar. Na semana seguinte, se não ao longo do mês, as matérias saíam estampadas na primeira página e se fixavam na mente do público. O alcance da cobertura da mídia é retratado nas estatísticas das matérias de primeira página do *The New York Times*: os pesquisadores identificaram 138 artigos para cada 1.000 mortes em acidentes aéreos, mas apenas 2 artigos para cada 1.000 homicídios e somente 0,02 artigo para cada 1.000 mortes de câncer.

No domingo do acidente, a primeira página dos jornais grandes e pequenos anunciava o desastre aéreo de um modo absolutamente solene. Se alguém examinasse as manchetes, provavelmente reconheceria os cinco furos de reportagem prototípicos sobre os desastres: o relato dos fatos disponíveis sobre o caso; uma matéria de interesse humano sobre o desafortunado destino de uma determinada vítima; uma matéria agradável sobre as comunidades que se juntam para lidar com o desastre; uma matéria investigativa citando análises de todos os ângulos, de engenheiros, seguradoras, transeuntes, psicólogos e até mesmo físicos; uma síntese do quadro global, nesse caso uma gentileza dos editores.

O editorial tem uma estrutura previsível. Com frequência cita uma lista de acidentes aéreos, compilada na Tabela 5.1:

Tabela 5.1 Corredor da Conspiração

Ano	Data	Local	Voo	Mortes
1996	17 de julho	Long Island, Nova York	TWA 800	230
1998	2 de setembro	Nova Escócia, Canadá	Swissair 111	229
1999	16 de julho	Martha's Vineyard, Massachusetts	Voo de JFK Jf.	3
1999	31 de outubro	Nantucket, Massachusetts	EgyptAir 990	217

De posse dos dados da Tabela 5.1, procuramos padrões de ocorrência. **Se procurarmos, provavelmente encontraremos** — essa é uma lei da estatística. Não é preciso ser gênio nem editor de notícias para perceber que entre 1996 e 1999 uma sucessão de aviões mergulhou no Atlântico perto de Nantucket: TWA, Swissair, EgyptAir e o avião particular de John F. Kennedy Jr. Conversando com um jornalista da Associated Press, um instrutor de mergulho local lamentou-se: "Nantucket é o **Triângulo das Bermudas** da região nordeste." Ele não foi o único a indicar essa relação. Muitos jornalistas também juntaram-se a essa conclusão.

Para aprimorar o artigo, os editores costumam citar as últimas pesquisas de opinião que confirmam o elevado nível de preocupação com as viagens aéreas. Costumam também aconselhar os leitores a manter a calma, lembrando-os de que os especialistas continuam sustentando que viajar de avião é **mais seguro do que em outras formas de transporte**.

A postura editorial em relação ao acidente da EgyptAir foi previsível, e do mesmo modo a reação indiferente ao seu clamor por calma. Nesses momentos, é comum que as emoções e a lógica, a superstição e a ciência, a fé e a razão entrem em conflito. Pairava no ar uma pergunta óbvia: o que havia levado **o EgyptAir 990 a cair?** Os jornalistas corriam em busca de qualquer prova, consultando todo e qualquer especialista, cujas teorias na maioria dos casos eram conflitantes. Nenhum encadeamento lógico foi rejeitado, à proporção que as matérias, uma após a outra, inundavam os noticiários. Quanto mais informações eram transmitidas ao público, maior era a confusão e maior a especulação. A começar pelas explicações racionais, como falha do equipamento ou anomalia atmosférica, as suspeitas resvalaram para o funesto, como ataque terrorista ou piloto embriagado, e em seguida para o grotesco, como interferência eletromagnética, ataque de míssil ou suicídio do piloto. Por fim, o raciocínio lógico abriu espaço para a pura emoção. Impossibilitado de apontar o dedo especificamente para uma companhia aérea, um aeroporto, um fabricante de aviões ou um dia da semana, o público virou as costas para o que se pensava sobre os voos de maneira geral. Muitos cancelaram ou postergaram suas viagens já programadas. Outros preferiram usar o carro. **50%** das pessoas pesquisadas pela *Newsweek* depois do acidente da EgyptAir disseram ter sentido medo ao voar e mais ou menos a mesma porcentagem demonstrou sua intenção de evitar as companhias aéreas do Egito e de outros países do Oriente Médio. Cautelosa em relação a esse estigma, a EgyptAir, sem alarde, deixou de utilizar esse número de voo. Esse nevoeiro de emoções ficaria pairando no ar por alguns anos, tempo necessário para que as investigações oficiais sobre acidentes aéreos sejam concluídas.

Autoimpor-se uma moratória sobre as viagens aéreas não é muito diferente de fazer a dança da chuva para combater a seca ou bater o tambor para expulsar os gafanhotos. Quando a razão se esgota, as emoções vêm preencher o vazio. Mas a experiência deve nos ensinar que o raciocínio lógico é o que infunde as melhores esperanças, mesmo em face de desastres inexplicáveis. Durante o surto de gafanhotos em 2004, as autoridades africanas reuniram-se e decidiram usar os tambores — **aqueles com pesticida**.

A esta altura, você deve estar esperando alguma novidade sobre a má interpretação do risco relativo, mas não seguiremos por aí. Se inúmeras pessoas chegam à mesma conclusão sobre algo, deve haver certa lógica por trás disso. As entrevistas realizadas com pessoas que afirmaram que não viajariam mais de avião, depois que haviam ficado sabendo de algum acidente grave, demonstraram que elas sentiam profunda ansiedade. Elas tinham consciência de que os acidentes aéreos eram excepcionalmente raros; afinal de contas, poucos acidentes fatais ocorreram no mundo desenvolvido na década de 1990. Mas elas temiam que esses acidentes tivessem maior possibilidade de ocorrer em seu voo do que em outros. Elas se perguntavam, se os acidentes são aleatórios, o que poderia explicar a coincidência improvável de quatro acidentes fatais em quatro anos terem ocorrido no mesmo espaço aéreo? Elas tinham certeza de que esse registro mórbido provavelmente era uma conspiração do desconhecido: embora ninguém até então tivesse identificado o culpado, elas sabiam que algo teria provocado o acidente. Elas achavam que o padrão era muito significativo para ser fruto da desagradável conspiração do acaso. Em 1999, muitas pessoas atribuíram a culpa ao "Triângulo das Bermudas" que pairava sobre Nantucket.

Embora essas alegações soem bizarras, a linha de raciocínio por trás delas reflete um raciocínio estatístico fundamentado. Tendo por base o padrão de ocorrência, essas pessoas rejeitaram a ideia de que os acidentes aéreos tivessem ocorrido a esmo; em vez disso, acreditavam em algo predeterminado (Triângulo das Bermudas, falha de equipamento, piloto embriagado e coisas semelhantes). Para os estatísticos, isso se chama "teste estatístico" da lógica, e nós o utilizamos a todo momento, na maioria das vezes sem saber.

Se assim for, então por que os especialistas ficam tão transtornados com o medo das pessoas após um acidente aéreo? Em 2001, o professor Arnold Barnett, principal especialista em segurança aérea dos EUA, ousou perguntar retoricamente: "A segurança da aviação [...] é um problema que foi solucionado principalmente [no Primeiro Mundo], de tal forma que falar sobre isso pode sugerir um distúrbio de personalidade?". Empregando palavras mais ásperas, o professor Barry Glassner, psicólogo que escreveu *The Culture of Fear* (*A Cultura do Medo*), avaliou que a histeria subsequente a um acidente de avião é tão fatal quanto o próprio acidente porque as pessoas que desistem dos voos agendados enfrentam um risco maior de morrer — de acidentes na estrada. Por que esses especialistas observam essa mesma lista de mortes, mas chegam a uma conclusão oposta? Como eles explicariam a coincidência de quatro acidentes em quatro anos em uma mesma área aproximada? Mais importante do que isso, como eles conseguem continuar acreditando nas companhias aéreas estrangeiras?

~###~

Em 24 de agosto de 2001, a Ontario Lottery and Gaming Corporation (OLG) entregou um prêmio em cheque no valor de 250.000 dólares canadenses a Phyllis e Scott LaPlante, os sortudos ganhadores da loteria Encore em 13 de julho de 2001. Cada bilhete da Encore no valor de 1 dólar canadense proporcionava a chance de ganhar 250.000 dólares para quem acertasse todos os sete números. Visto que a probabilidade de ganhar era de 1 em 10 milhões, uma pessoa que tivesse gastado 1 dólar todos dias na Encore poderia alimentar a expectativa de ganhar uma vez a cada **27.000 anos**, o que em resumo significa... **nunca**. Barnett, especialista em segurança aérea, avaliou que essa probabilidade de morrer em um acidente de avião em um voo doméstico nos EUA sem escala é também de 1 em 10 milhões. A pessoa que viaja em um determinado voo todos os dias teria de viver 27.000 anos para confrontar um acidente fatal. Portanto, ambos os acontecimentos têm a mesma e ínfima chance de ocorrer.

O que deu um toque especial ao caso dos LaPlante foi o fato de serem revendedores lotéricos: ela e o marido eram donos da Coby Milk and Variety, uma pequena loja em Coboconk, Ontário, que vendia, dentre outras coisas, bilhetes de loteria. Quando ela examinou o bilhete premiado, a máquina soou duas vezes, anunciando um grande prêmio. Como o valor era superior a 50.000 dólares canadenses, foi acionada uma investigação sobre "ganhadores internos". Ao seguir a pista dos bilhetes, a equipe da OLG deduziu competentemente que o ganhador sempre jogava uma mesma sequência de números em todas as loterias. Diante disso, eles pediram os bilhetes antigos e devidamente os LaPlante forneceram alguns. Os números batiam.

O que de fato ocorreu foi que Phyllis LaPlante havia simplesmente roubado 250.000 dólares de um senhor de 82 anos de idade. Foi preciso que um estatístico provasse essa hipótese decisivamente — usando a lógica do teste estatístico — e descobrisse se LaPlante era pura e simplesmente uma pessoa de sorte ou uma malandra de mão cheia. Para dirimir essa questão, Jeffrey Rosenthal, da Universidade de Toronto, examinou sete anos de sorteios e ganhadores de boladas na Ontario. Entre 1999 e 2005, houve 5.713 "grandes" ganhadores de prêmios no valor de 50.000 dólares canadenses ou mais. Segundo as avaliações de

Rosenthal, os proprietários e funcionários das lojas de revenda haviam ganhado 22 milhões dos 2,2 milhões de dólares gastos nas loterias Ontario durante esse período — ou seja, cerca de 1 dólar em cada 100 dólares que a OLG recebeu. Se os proprietários e funcionários dessas lojas não tivessem mais sorte do que outra pessoa qualquer, ponderou Rosenthal, eles teriam ganhado 1 em cada 100 grandes prêmios, o que representa em torno de 57 em 5.713 vitórias. Porém, como se mostra na Tabela 5.2, à época que Rosenthal fez esse cálculo, os revendedores lotéricos na verdade haviam tirado a sorte grande mais de 200 vezes! Das duas uma: ou LaPlante e outros proprietários de loja foram abençoados com uma sorte extraordinária ou devemos suspeitar de falcatruas. Rosenthal estava convencido da segunda possibilidade.

The Fifth Estate, um programa de televisão da Canadian Broadcasting Corporation (CBC), revelou o escândalo em 25 de outubro de 2006, contando a história de Bob Edmonds, o senhor de 82 anos de idade e ganhador autêntico da loteria Encore. Os números premiados eram uma combinação de datas de aniversário: a dele, a de sua mulher e a de seu filho. A CBC contratou Rosenthal como testemunha especialista. Ele divulgou que a probabilidades de os revendedores lotéricos terem recebido 200 dos 5.713 grandes prêmios da OLG **apenas por sorte** era de 1 em 1 quindecilhão. (O número 1 seguido de 48 zeros.) Nenhuma pessoa sensata poderia acreditar em tamanha sorte. Com base na análise estatística de Rosenthal, essa história lamentável ia muito além de Phyllis LaPlante; os 140 prêmios ganhos por revendedores agora pareciam extremamente duvidosos e a OLG se viu inundada de reclamações.

Tabela 5.2 Vitórias previstas *versus* vitórias reais de revendedores lotéricos, 1999-2005: evidência ou jogada suja

	Vitórias previstas	Vitórias reais
Revendedores	57	200

Você deve estar se perguntando de que forma exatamente os LaPlante conseguiram esses bilhetes de loteria antigos cujos números batem com os que Edmond costumava jogar. Tratava-se de uma jogada ardilosa à moda antiga para tomar como presa um simpático idoso. Quando Bob Edmonds passou seu bilhete para as mãos do balconista, nesse seu dia de sorte, a máquina registradora soou duas vezes, indicando um grande prêmio. Incrédulo em relação ao que acabara de ouvir, Edmonds acreditou em LaPlante quando ela lhe disse que ele havia ganhado o prêmio menor, isto é, um bilhete gratuito. Quando LaPlante comunicou sua "vitória" à OLG, ela foi informada de que havia sido acionada uma investigação automática sobre ganhadores internos. No dia seguinte, seu marido pediu a Edmonds que fosse à loja, onde o salpicaram de perguntas. Eles sabiam que os números sorteados eram os números que ele costumava jogar e até obtiveram de Edmonds alguns bilhetes antigos não premiados. Edmonds provavelmente não achou que aqueles bilhetes não premiados e já vencidos pudessem ter algum valor para alguém. Ele imaginou que havia uma amizade entre ele e os balconistas da loja da esquina, mas estava errado. Em um dos interrogatórios, ele até sugeriu que LaPlante deveria tê-lo acompanhado naquele dia! Ele estava absolutamente errado quanto a isso. Percebeu seu engano quando o jornal local divulgou que os LaPlante eram os felizes ganhadores da loteria Encore, e imediatamente deu queixa na OLG, o que acabou disparando a investigação realizada pela CBC.

Contudo, essa história tem um final feliz. A investigação realizada pelo *Fifth Estate* desencadeou um redemoinho de controvérsias. O governador de Ontário, Dalton McGuinty, estava particularmente alarmado porque no Canadá o dinheiro apurado nas loterias reforça o orçamento da província. Em Ontário, essa soma equivaleu a 650 milhões de dólares canadenses em 2003-2004. Em cada 100 dólares gastos nas loterias, cerca de 30 dólares vão para os cofres do governo (ao passo que em cada 100 dólares são pagos 54 dólares de prêmio em dinheiro, o que assegura que, na média, a casa lotérica sempre ganhe com facilidade). O desmoronamento da confiança pública nessas loterias poderia provocar um estrago no sistema de saúde, no sistema educacional e na infraestrutura de Ontário. Portanto, McGuinty instruiu o ouvidor da província a investigar de que forma a OLG estava lidando com as reclamações dos clientes. Colocando-se na defensiva, a OLG, embora tarde, pediu desculpas a Edmonds e o recompensou, liberando-o da ordem de guardar silêncio, e anunciou que endureceria os regulamentos para os revendedores. Os LaPlante foram processados por fraude, mas firmaram um acordo extrajudicial depois de repassar 150.000 dólares a Edmonds.

~###~

Depois de analisar os dados dos prêmios de loteria, Rosenthal descobriu um padrão incomum nos prêmios recebidos pelos revendedores, demasiadamente incomum para ter sido fruto do acaso. Com um raciocínio lógico semelhante, algumas pessoas pararam de viajar de avião após o acidente da EgyptAir porque, para elas, quatro acidentes em quatro anos parecia um padrão incomum de acidentes na mesma região — muito incomum para ter ocorrido totalmente ao acaso. Esse comportamento teria sido um "distúrbio de personalidade"?

Os fatos consumados não podiam mais ser mudados: quatro voos, o local, os horários dos acidentes e o número de mortes estavam ali para todos verem. Muitos rejeitaram que o acaso pudesse ser uma explicação plausível para o padrão dos acidentes. Porém, para o professor Barnett, quatro em quatro parecia exatamente uma ação do acaso. Ele até utilizou a mesma ferramenta de teste estatístico, mas chegou a uma conclusão diferente. Essa diferença justifica-se pela maneira como ele assimilou os dados.

Os estatísticos são muito curiosos: quando diante de um conjunto vertical de números, eles preferem examiná-los com suspeita. Eles examinam os recônditos; eles procuram ver o que está embaixo; eles viram os seixos. Após décadas de experiência, eles sabem que o que está oculto é tão importante quanto o que está diante dos olhos. Ninguém jamais consegue ver o quadro completo. Por isso, o segredo é **procurar saber o que não se sabe**. Quando você examinou a tabela de mortes apresentada antes, provavelmente enxergou quatro pontos pretos em torno do "Triângulo de Nantucket" e uniu esses pontos; Barnett, em contraposição, viu quatro pontos pretos e milhões de pontos brancos. Cada um desses pontos brancos correspondia a um voo que havia atravessado ileso o espaço aéreo nesses quatro anos. Vendo por essa perspectiva, dificilmente encontraríamos pontos pretos, muito menos os uniríamos. Portanto, ao considerar essa questão mais a fundo,

Barnett anteviu dez ou mesmo vinte anos de voos pelo triângulo de Nantucket, inserindo milhões de outros pontos brancos nessa imagem e apenas algumas dezenas a mais de pontos pretos. Esse método configura uma nova conjuntura, totalmente diferente da lista dos piores acidentes com frequência exibida nas reportagens veiculadas após os acidentes. Listados separadamente, os quatro acidentes destacam-se como estrelas em um céu escuro; entretanto, eles ficam invisíveis quando inseridos em um oceano de branquidão (consulte a Figura 5.1). Em se considerando que o **corredor nordeste** é uma das rotas aéreas mais movimentadas do mundo, poder-se-ia concluir que essa área é mais propensa a um número maior de acidentes fatais.

Quanto à possibilidade de o medo de voar ser considerado um "distúrbio de personalidade", um conceituado estatístico respondeu com firmeza que **não**, em uma palestra para o pessoal da Boeing. Como o setor aéreo vem se defendendo das causas sistemáticas dos acidentes sofridos pelos aviões a jato, como falha de equipamento, novos tipos de risco estão vindo à tona, assinalou o estatístico. Ele citou três "ameaças que provocaram poucas mortes na década de 1990, mas que poderiam provocar mais mortes em anos futuros": **sabotagem, colisões na pista de decolagem** e **colisões no ar**. Sua palestra, intitulada *Airline Safety: End of a Golden Age?* (*Segurança das Linhas Aéreas: Fim da Era de Ouro?*), não podia ter sido mais oportuna; ela foi ministrada no dia 11 de setembro de 2001. O futuro que ele havia previsto chegou mais cedo.

Figura 5.1 A visão de mundo do estatístico

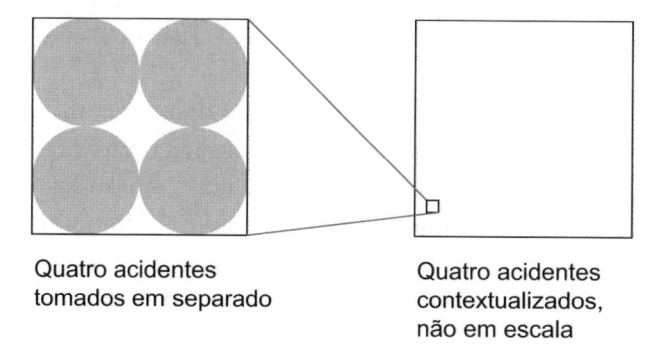

Quatro acidentes tomados em separado

Quatro acidentes contextualizados, não em escala

Quem era esse professor de tamanha previdência? Ninguém mais que Arnold Barnett, que vinha analisando os dados sobre a segurança das linhas aéreas havia mais de 30 anos na Sloan School of Management do Instituto de Tecnologia de Massachusetts (Massachusetts Institute of Technology — MIT). Na década de 1970, ele deu início a um programa de pesquisa extraordinariamente produtiva que acompanhou ininterruptamente o histórico de segurança das linhas aéreas do mundo inteiro. Antes de Barnett entrar em cena, as pessoas achavam impossível avaliar com precisão a segurança das companhias aéreas, porque os fatores contribuintes não podiam ser observados de maneira direta. Como se podia avaliar a postura dos diretores corporativos em relação à segurança? Como se podia comparar a eficácia de diferentes programas de treinamento? Como se podia considerar as diferentes rotas de voo, os diferentes aeroportos, as diferentes distâncias dos voos e a idade das companhias aéreas? Barnett, o estatístico, contornou esses obstáculos, percebendo que ele não precisava de nenhuma dessas incógnitas. Quando um passageiro embarca em um avião, seu medo é puramente de morrer em um acidente fatal; portanto, é suficiente apenas acompanhar a frequência de acidentes fatais e os índices subsequente de sobreviventes. De modo semelhante, as universidades fiam-se nas pontuações do SAT e na classificação das escolas para avaliar os candidatos porque não é viável visitarem todas as famílias, todos os domicílios e todas as escolas. Como é possível comparar o pai de sicrano com os pais de fulano? Como é possível classificar o colégio de beltrano com o de sicrano? Por isso, em vez de avaliar essas influências específicas sobre o rendimento dos estudantes como criação parental e qualidade da educação, os educadores simplesmente se informam sobre a habilidade acadêmica real dos estudantes com base nas pontuações do SAT e na classificação das escolas.

Segundo observação de Barnett, as companhias aéreas do mundo desenvolvido apresentaram uma queda no risco de morte de 1 em 700 mil, na década de 1960, para 1 em 10 milhões, na década de 1990, uma melhoria 14 vezes maior em três décadas. Ele foi o primeiro a provar que as empresas de transporte aéreo norte-americanas eram as mais seguras do mundo. Em 1990, ele dizia a todos que essa era a era dourada da segurança aérea. Os demais países do mundo desenvolvido desde então recuperaram o terreno, mas o mundo em desenvolvimento ainda está duas décadas atrasado. Barnett acredita que hoje os acidentes aéreos fatais são acontecimentos casuais. O índice de ataques terroristas é ínfimo. Em outras palavras, não é mais possível encontrar nenhuma causa sistemática de desastre aéreo, como falha mecânica ou turbulência. Hoje, os acidentes aéreos se resumem praticamente a acidentes insólitos.

O que o visionário Barnett diz sobre dois de nossos maiores medos?

1. **Não escolha entre as companhias aéreas dos EUA tendo por base a segurança.** Os acidentes de avião ocorrem aleatoriamente. Portanto, a empresa aérea que sofreu um acidente recente simplesmente teve má sorte. Entre 1987 e 1996, a USAir por coincidência foi uma companhia aérea de **má sorte**. Ela operava 20% dos voos domésticos, mas foi responsável por 50% das mortes por acidente, de longe o pior registro entre as sete maiores linhas aéreas dos EUA (consulte a Tabela 5.3). Barnett perguntou então era a probabilidade de uma distribuição tão desigual de mortes ter acometido qualquer uma das outras sete empresas aéreas. A chance era de 11%; era bastante provável. E se não fosse a USAir, outra linha aérea teria arcado com a maior parte. Em outro estudo, Barnett descobriu que nenhuma companhia aérea norte-americana tinha uma vantagem de segurança sustentável: a linha aérea com maior porcentagem em um período com frequência entra no último lugar da lista no período seguinte. Simplesmente não é possível prever qual linha aérea sofrerá o acidente fatal seguinte. Em matéria de segurança aérea, os passageiros não têm para onde correr.

Tabela 5.3 Porcentagem relativa de voos e mortes da USAir e seis outras empresas de transporte aéreo americanas, 1987-1996: há evidência de que a USAir era menos segura?

	Voos	Mortes
USAir	20%	50%
Outras companhias aéreas americanas	80%	50%

2. **Não evite as companhias aéreas estrangeiras, mesmo depois de um acidente com um de seus aviões.** Os voos operados pelas linhas aéreas do mundo em desenvolvimento são tão seguros quanto os das companhias norte-americanas em rotas em que concorrem diretamente entre si, em geral aquelas entre o mundo desenvolvido e o mundo em desenvolvimento. Nos casos em que elas não se sobrepõem, as empresas aéreas estrangeiras sofrem muito mais acidentes, por motivos desconhecidos. (Alguns especulam que elas devem alocar tripulações mais adequadas para os voos internacionais.) Pelo fato de terem um registro ruim nos voos domésticos, o risco geral de morte associado com as empresas aéreas do mundo em desenvolvimento foi oito vezes pior do que para suas equivalentes no mundo desenvolvido. Mas Barnett não encontrou nenhuma diferença entre esses dois grupos de operadoras em rotas concorrentes: o risco foi de cerca de 1 em 1,5 milhão durante 2000-2005. Para uma pessoa que viaja de avião uma vez por dia, a expectativa de morte em um acidente de avião é 4.100 anos, em qualquer uma das operadoras que oferecerem voos nessas rotas. Além disso, embora o risco mundial de morte em acidentes aéreos tenha reduzido à metade desde a década de 1980, o diferencial de risco entre as operadoras do mundo em desenvolvimento e do mundo desenvolvido ficou minúsculo. Portanto, podemos confiar em empresas supostamente grandalhonas e ineficientes, com aviões antigos, pilotos sem preparo suficiente e equipes desmotivadas, para nos levar para o estrangeiro com segurança.

Tal como Rosenthal, Barnett utilizou testes estatísticos para provar seu argumento. Durante a década que culminou em 1996, as linhas aéreas do mundo em desenvolvimento operaram 62% dos voos concorrentes. Se elas fossem tão seguras quanto as linhas aéreas norte-americanas, teriam provocado em torno de 62% das mortes de passageiros ou bem mais de 62% se fossem mais propensas a desastres. Nesses dez anos, as empresas aéreas do mundo em desenvolvimento provocaram apenas 55% das mortes, uma indicação de que não se saíram pior (consulte a Tabela 5.4).

Tabela 5·4 Porcentagem relativa de voos e mortes das companhias aéreas do mundo desenvolvido e do mundo em desenvolvimento, 1987-1996: nenhuma evidência de que as linhas aéreas do mundo em desenvolvimento eram menos seguras em rotas comparáveis

	Voos	Mortes
Linhas aéreas do mundo desenvolvido	38%	45%
Linhas aéreas do mundo em desenvolvimento	62%	55%

~###~

As notícias sobre a investigação da Ontario Lottery espalharam-se por todo o Canadá, e em todas as províncias as corporações lotéricas foram inundadas de telefonemas e *e-mails* de cidadãos preocupados.

O ouvidor da província de Colúmbia Britânica, ao examinar os ganhadores anteriores, desmascarou dezenas de proprietários de lojas extraordinariamente sortudos, incluindo um que levou para casa 300.000 dólares canadenses ao longo de cinco anos, ganhando cinco vezes. Quando o presidente da British Columbia Lottery Corporation, que administra as loterias da província, foi demitido, seu companheiro, também ex-presidente, veio em sua defesa: "Obviamente, é possível que os revendedores tenham feito trapaça com o dinheiro do prêmio dos jogadores, mas só se eles forem tolos."

Em Nova Brunswick, a Atlantic Lottery Corporation, que opera as loterias de quatro províncias, tentou redirecionar a publicidade contratando um consultor externo para auditar prêmios anteriores utilizando o mesmo método de Rosenthal. Entretanto, segundo análises, entre 2001 e 2006, os donos de loja reclamaram 37 dos 1.293 prêmios de 25.000 dólares canadenses ou mais, quando na verdade a expectativa era de que tivessem ganhado menos de 4 desses prêmios. Era inconcebível que esse grupo de jogadores pudesse ganhar tantos prêmios se todo bilhete tinha a mesma probabilidade de ganhar.

Entretanto, a CBC contratou Rosenthal novamente, dessa vez para examinar o padrão dos prêmios nas loterias das províncias ocidentais, de novembro de 2003 a outubro de 2006. O professor descobriu que os revendedores ganharam 67 prêmios de 10.000 dólares canadenses ou mais — duas vezes superior à expectativa, se as loterias fossem justas com todos os jogadores. Até que pontos esses revendedores eram sortudos? Rosenthal explicou posteriormente que a probabilidade de os revendedores terem acumulado tantos prêmios em um sistema lotérico honesto era de 1 em 2,3 milhões. Embora não tão extremas quanto as de Ontário, essas probabilidades eram ainda assim desprezíveis. Novamente, Rosenthal não conseguia se convencer de que os lojistas tivessem mais sorte do que os demais jogadores. Por isso, suspeitou de fraude. (Diferentemente de Ontário, nem a Atlantic nem a Western Lottery Corporation conseguiu pegar um trapaceiro específico.)

Para restaurar a confiança pública, as autoridades responsáveis pelas loterias anunciaram uma série de medidas para proteger os clientes, inclusive a instalação de máquinas registradoras de autosserviço, aperfeiçoamento da tecnologia de rastreamento de prêmios, investigações do passado dos revendedores e a exigência de que os ganhadores assinem atrás dos bilhetes premiados. Ainda é preciso esperar para ver se essas medidas conseguirão dissipar essa nuvem de suspeita.

~###~

Ambos os estatísticos estiveram às voltas com dados da vida real, perceberam padrões incomuns e perguntaram se eles poderiam ocorrer por acaso. A resposta de Rosenthal foi um inequívoco não, e os resultados de suas avaliações provocaram uma miríade de dúvidas sobre os prêmios ganhos pelos revendedores das loterias Ontario. Empregando o mesmo tipo de lógica, Barnett aliviou nosso medo de voar ao mostrar por que as pessoas que viajam de avião não têm para onde correr, porque os acidentes insólitos podem acometer qualquer empresa aérea sem sorte naquele momento, em qualquer lugar.

Você ainda deve estar se perguntando por que os estatísticos aceitam de bom grado o risco de morte e, ao mesmo tempo, demonstram pouco interesse em arriscar a sorte. Por que eles se comportam diferentemente da maioria das pessoas? Sabemos que não são as ferramentas que eles têm à sua disposição que influem nesse comportamento; todos nós usamos o mesmo tipo de teste estatístico para comparar uma evidência circunstancial com as probabilidades, percebamos ou não. A primeira diferença encontra-se na forma como os estatísticos interpretam os dados: a maioria das pessoas tende a se concentrar em padrões inesperados, mas os estatísticos preferem avaliá-los em relação ao passado. Para Barnett, o passado é toda a programação de voos, não apenas uma relação dos piores acidentes, ao passo que, para Rosenthal, isso inclui todos os jogadores de loteria, não apenas os revendedores que ganharam prêmios importantes.

Além disso, de acordo com a visão de mundo dos estatísticos, **raro é impossível**: as boladas são para os **sonhadores** e os acidentes de avião para os **paranoicos**. Para que Rosenthal acreditasse que todos os revendedores haviam agido honestamente, ele teria de aceitar que um fenômeno raro ao extremo havia ocorrido. Isso lhe obrigaria a rejeitar seus fundamentos estatísticos. Barnett continua viajando de avião, duas vezes por semana, porque acredita que os acidentes aéreos estão quase extintos. Se em algum momento ele tivesse parado por medo, teria sido obrigado a admitir que um incidente extremamente improvável poderia ocorrer. Isso, também, infringiria seu instinto estatístico.

Ao contrário do que muitos alegaram, as pessoas que evitam viajar de avião após a ocorrência de um acidente aéreo não estão deixando de avaliar os riscos. Elas estão também raciocinando como os estatísticos. Diante de uma série de acidentes fatais, elas eliminam a possibilidade do acaso. O que leva as pessoas a tirar conclusões diferentes é a pequena quantidade de informações que têm à disposição. Em várias circunstâncias cotidianas empregamos os testes estatísticos sem perceber. A primeira vez em que nossa bagagem tem de ser localizada em um aeroporto, lamentamos nossa falta de sorte. Se isso ocorrer duas vezes, talvez comecemos a investigar a probabilidade de sermos escolhidos novamente. Se ocorrer três ou quatro vezes, é provável que duvidemos seriamente de que essa escolha tenha sido de fato ao acaso. **O raro é impossível**!

~###~

Atendendo à solicitação de dois senadores em 1996, a Administração Federal de Aviação (FAA, na sigla em inglês) tomou medidas para preencher a falta de informações entre os especialistas e o público. Para isso, divulgou alguns dados sobre segurança aérea em seus *sites*. Como nos saímos desde desde então? Infelizmente, mal. De 2006 para cá, qualquer um pode encontrar pontos pretos (os acidentes) nesses bancos de dados, mas não pontos brancos (os desembarques seguros). Todo incidente, da perda total a nenhum arranhão, é registrado com amplos detalhes. Com isso, fica difícil nos concentrarmos nos acontecimentos que realmente importam. Obviamente, ineficiências na execução entraram em conflito com a boa intenção. É chegado o momento de começarmos a virar esses seixos! Como o professor nos demonstrou, alguns números escolhidos a dedo retratam um quadro bem mais valioso do que centenas de milhares de dados desorganizados.

Conclusão

"O raciocínio estatístico é difícil", disse o prêmio Nobel Daniel Kahneman em um encontro de matemáticos realizado na cidade de Nova York em 2009. Uma personalidade reverenciada no mundo da economia comportamental, o professor Kahneman discursou sobre seu sempre renovado interesse por esse assunto, o qual ele abordou pela primeira vez na década de 1970 com seu costumeiro colaborador Amos Tversky. A matéria de estudo não é em si difícil, mas nosso cérebro está de tal forma condicionado que é necessário um esforço consciente para nos desviarmos do estilo de raciocínio padrão, que não é estatístico. Os psicólogos descobriram que, quando os sujeitos de pesquisa eram apropriadamente treinados e reconhecem a natureza estatística da tarefa em questão, eram mais propensos a fazer o julgamento correto.

O raciocínio estatístico é diferente do raciocínio comum. É uma habilidade que se aprende. Que melhor maneira de dominá-lo do que examinar exemplos favoráveis sobre o que outras pessoas já conseguiram realizar. Embora raramente eles se tornem notícia, vários cientistas aplicados costumam usar o raciocínio estatístico em seu trabalho. As histórias narradas neste livro demonstram como esses profissionais tomam decisões inteligentes e como seu trabalho beneficia a sociedade.

Para concluir, recapitulo os cinco aspectos do raciocínio estatístico:

1. A consequente insatisfação de ser nivelado pela média: **sempre pergunte sobre a variabilidade**.
2. A virtude de estar errado: **prefira o útil ao verdadeiro**.
3. O dilema de estar em um mesmo grupo: **compare semelhantes com semelhantes**.
4. A oscilação e influência do assimétrico: **considere o toma lá dá cá dos dois erros**.
5. O poder do que é impossível: **não acredite que algo é raro demais para ser verdadeiro**.

Introduzo um pouco de linguagem técnica nas páginas que se seguem; ela pode ser usada como orientação para aqueles que desejam explorar mais a fundo o campo do raciocínio estatístico. As seções intersticiais, chamadas de **"Interseções"**, passam em revista as mesmas histórias, dessa vez para revelar outro aspecto do raciocínio estatístico.

A consequente insatisfação de ser nivelado pela média

As médias funcionam como pílulas para dormir: elas o colocam em um estado de estupor, e se você exagerar na dose, elas podem matá-lo.

Foi provavelmente assim que os investidores no fundo de *hedge* de Bernie Madoff se sentiram em 2008, quando tomaram conhecimento da crua verdade sobre a temporada dos retornos mensais estáveis que estavam recebendo até então. No mundo da fantasia por eles considerado real, todo mês era um mês médio; a variabilidade havia sido superada — não havia nada com o que se preocupar. A ganância foi a causa básica da ruína financeira desses investidores. Aqueles que duvidaram da falta de variabilidade nos rendimentos divulgados poderiam ter salvado a própria pele; em vez disso, a maioria acreditou cegamente na média.

O uso exagerado das médias permeia nossa sociedade. No mundo dos negócios, o conceito popular de indicador de crescimento anualizado, também chamado de "taxa de crescimento anual composta, nasce quando se eliminam todas as variações de ano para ano. Uma empresa que está se expandindo a uma taxa de 5% **todos os anos** tem a mesma taxa de crescimento anualizada de uma que está crescendo 5% ao ano **em média**, mas atua em um mercado volátil em que o crescimento real pode variar de 15% em um ano a −10% em outro. As necessidades financeiras dessas duas empresas não podem ser mais diferentes. Embora a taxa de crescimento anual composta ofereça um resumo básico prático do passado, passa uma falsa sensação de estabilidade quando usada para prever o futuro. **A média estatística simplesmente não transmite nenhuma informação sobre variabilidade.**

O raciocínio estatístico começa quando se percebe e compreende a variabilidade. O que transtorna as pessoas que viajam diariamente para trabalhar? Não é o tempo médio de percurso para o trabalho, ao qual eles podem se adaptar. Elas reclamam dos atrasos inesperados, ocasionados por acidentes imprevisíveis e emergências decorrentes do mau tempo. Essa variabilidade leva à incerteza, e isso gera ansiedade. Julie Cross, a usuária de Minnesota apresentada no Capítulo 1, com certeza não era a única motorista a achar que "pegar a rota mais rápida" era uma "aposta diária".

Portanto, não é de surpreender que as medidas efetivas para controlar os congestionamentos combatam o problema da variabilidade. Para os visitantes da Disney chegarem em horários de movimento, as filas do FastPass eliminam a incerteza do tempo de espera espaçando os picos de demanda. De modo semelhante, nas vias expressas, os controladores de acesso regulam a afluência de tráfego, assegurando aos usuários percursos mais fluidos no momento em que entram na via expressa.

Os "Imaginadores" da Disney e os engenheiros rodoviários demonstraram habilidades impressionantes para aplicar a ciência teórica. A grande originalidade dessas conquistas residia na ênfase sobre o aspecto comportamental da tomada de decisões. Os cientistas da Disney aprenderam a se concentrar na redução dos tempos de espera percebidos, em contraposição aos tempos de espera reais. Ao defenderem a gestão da percepção, eles subjugaram o já consagrado programa de pesquisa operacional na **teoria das filas**, uma ramificação da matemática aplicada que produziu um conjunto de instrumentos sofisticados para minimizar os tempos de espera médios reais nas filas. Tal como na economia tradicional, a teoria das filas faz uma suposição sobre o comportamento humano racional que não condiz com a realidade. Por exemplo, ao afixarem placas demonstrando as estimativas aumentadas de tempo de espera, os engenheiros da Disney fiaram-se na irracionalidade, e as pesquisas sobre a satisfação dos clientes confirmam de maneira sistemática suas opiniões. Para examinar mais a fundo a mentalidade irracional, consulte a influente obra de Daniel Kahneman, a começar por seu artigo de explanação geral *Maps of Bounded Rationality: Psychology for Behavioral Ecomics* (*Mapas da Racionalidade Limitada: Psicologia da Economia Comportamental*), publicado em 2003 na *American Economic Review*, e o livro *Predictably Irrational* (*Previsivelmente Irracional*), de Dan Ariely.

Considerações políticas com frequência interferem no trabalho dos cientistas aplicados. Por exemplo, Dick Day, senador do Estado de Minnesota, aferrou-se ao problema do congestionamento das vias expressas para ganhar pontos facilmente entre seus eleitores. Alguns deles responsabilizaram o plano de controle de acesso pelo maior tempo de percurso nas viagens diárias ao trabalho. Disso resultou uma imensa confusão, ao fim da qual os engenheiros rodoviários foram inocentados. O departamento de Transportes de Minnesota e o senador entraram em acordo quanto a uma solução de compromisso, fazendo pequenas mudanças no modo como os controladores eram operados. Para os cientistas aplicados, esse episódio passou o valioso ensinamento de que o bem do ponto de vista técnico (reduzir o tempo de percurso real) não precisa necessariamente condizer com o bem-estar social (gerenciar a percepção pública). Antes do experimento de "desligamento dos controladores de acesso", os engenheiros perseguiram obstinadamente a meta de retardar o princípio dos congestionamentos, o que preserva a capacidade das vias expressas e mantém o fluxo do trânsito. O experimento examinou o mérito técnico desse plano: os benefícios de um tráfego mais fluido na rodovia superaram a desvantagem da espera nas vias de acesso. Entretanto, para os usuários, ficar confinado dentro do carro nas vias de acesso era pior do que andar e parar nas pistas expressas apinhadas de carros.

Os estatísticos realizam **experimentos** com o objetivo de coletar dados sistematicamente para tomar decisões mais adequadas. No experimento empreendido em Minnesota, os consultores realizaram um tipo de **análise pré-pós**. Eles mediram o fluxo do trânsito, o tempo de percurso e outros indicadores em trechos previamente selecionados das vias expressas antes do experimento e também depois de sua conclusão. Qualquer diferença entre o período anterior e o período posterior foi atribuída ao desligamento dos controladores de acesso.

Observe, porém, que existe a suposição oculta do "todos os outros fatores permanecendo iguais". Os analistas estavam a mercê do que não conheciam ou não podiam conhecer: todos os outros fatores eram de fato iguais? Por esse motivo, os estatísticos são absolutamente cautelosos na interpretação dos estudos prévios-posteriores, em especial ao dizer por que a diferença foi observada durante o experimento. O livro *Statistics for Experimenters* (*Estatística para Experimentadores*), de George Box, Stuart Hunter e Bill Hunter, é a referência clássica para um adequado planejamento e análise dos experimentos. (O experimento de Minnesota poderia ter se beneficiado de conhecimentos estatísticos mais sofisticados.)

Interseções

O seguro é uma maneira inteligente de tirar vantagem da variabilidade. Nesse caso, o fluxo e refluxo das solicitações de indenização apresentadas pelos clientes. Se todos os segurados solicitassem indenizações simultaneamente, seus prejuízos totais engolfariam os superávits cumulativos recolhidos dos prêmios e levariam as seguradoras à falência. Ao associar um grande número de riscos que atuam de forma independente, os atuários podem prever com segurança perdas médias futuras e, portanto, estabelecer prêmios anuais com o objetivo de evitar a ruína financeira. Essa teoria clássica funciona bem para seguros de automóveis, mas muito mal nos seguros contra catástrofes, como o empresário Bill Poe, de Tampa, descobriu a duras penas.

No caso dos seguros de automóveis, o número total de solicitações de indenização é relativamente estável de um ano para outro, mesmo que as solicitações individuais sejam dissipadas com o decorrer do tempo. Em contraposição, o segmento de seguros contra catástrofes é um **"cisne-negro negativo"**, utilizando a terminologia de Nassim Taleb. Na opinião de Taleb, os gerentes de negócios podem ser levados a se sentir seguros e confiantes ao ignorar determinados fenômenos extremamente improváveis **("cisnes-negros")** apenas por sua possibilidade remota de ocorrer, embora os fenômenos raros sejam capazes de destruir as respectivas empresas. As companhias de seguro contra furacões estão indo a pleno vapor, acumulando lucros sólidos, até o momento em que um *Big One* devastar a costa atlântica, fenômeno que tem pouca probabilidade de ocorrer, mas acarreta prejuízos extremos quando de fato ocorre. Um megafuracão pode provocar um prejuízo de 100 bilhões de dólares — de 50 a 100 vezes superiores ao prejuízo decorrente de uma tempestade normal. A teoria clássica sobre os seguros, que recorre à curva de sino, cai por terra a essa altura em virtude da extrema variabilidade e da séria concentração espacial dos riscos. Quando o cisne-negro dá as caras, uma grande porcentagem de clientes solicita indenizações simultaneamente, assolando as seguradoras. **Na média**, essas empresas podem permanecer solventes — o que significa que, a longo prazo, os prêmios cobririam todas as solicitações de indenização —, mas no momento em que os saldos em caixa ficam negativos, elas implodem. Aliás, as seguradoras contra catástrofes que não se previnem contra a variabilidade das solicitações de indenização sempre ficam apavoradas quando os maus ventos aniquilam todos os seus excedentes.

Os estatísticos não apenas percebem a variabilidade. Eles também reconhecem de que tipo ela é. O tipo mais moderado de variabilidade alicerça o segmento de seguros de automóveis, ao passo que o tipo extremo ameaça as empresas de seguro contra furacões. É por isso que a política governamental de "compra de seguros", na qual o Estado da Flórida subvenciona os empreendedores para que assumam o controle das apólices das seguradoras falidas, não faz nenhum sentido; os riscos concentrados e o magro capital inicial dessas *start-ups* as tornam especialmente vulneráveis a fenômenos extremos.

~####~

É por causa da variabilidade que os exames de detecção de esteroides nunca conseguem ser totalmente precisos. Quando a União Internacional de Ciclismo (International Cycling Union — UCI), órgão governamental do ciclismo, instituiu o exame de hematócrito como método provisório para identificar usuários de eritropoietina (EPO), não estipulou que um resultado positivo poderia ser considerado uma violação das regras *antidoping*; em vez disso, fixou um limite de 50% para o nível de hematócrito legalmente admissível para participar de uma competição. Essa decisão refletiu o desejo da UCI de atenuar o efeito de quaisquer erros falsos-positivos, à custa de deixar alguns usuários de *doping* saírem ilesos. Se a porcentagem de glóbulos vermelhos de todos os homens normais equivalesse precisamente a 46% do volume total de sangue (e o número total de usuários de *doping* fosse superior a 50%), seria possível conceber um exame perfeito, distinguindo todas as amostras com níveis de hematócrito acima de 46% como positivos e aquelas inferiores a 45% como negativas. Na realidade, é o proverbial "homem médio" que entra nesses 46%; o nível de hematócrito "normal" para homens varia de 42% a 50%. Essa variabilidade complica o trabalho do examinador: uma pessoa com uma densidade de glóbulos vermelhos de, digamos, 52% pode ser um usuário de *doping* sanguíneo, mas também pode ter um "barato natural", como um montanhês que, em virtude do hábitat, tem um nível de hematócrito superior ao normal.

Desde então a UCI instituiu um exame de urina apropriado para a EPO, hormônio que alguns atletas de resistência utilizam exageradamente para aumentar a circulação de oxigênio no sangue. A EPO sintética, normalmente extraída de células de ovário de *hamsters* fêmeas chinesas, é prescrito para tratar a anemia provocada por insuficiência renal ou câncer. (Pesquisadores assinalaram que a porcentagem das vendas anuais de EPO não poderia ser atribuída a um uso clínico apropriado.) Pelo fato de a EPO ser secretada naturalmente pelos rins, os examinadores devem distinguir entre "estimulantes naturais" e "drogas estimulantes". Empregando uma técnica conhecida como focalização isoelétrica, o exame de urina define os graus de acidez da EPO e de sua versão sintética, que já se sabe que é diferente. As amostras com uma porcentagem de área básica (*basic area percentage* — BAP), uma medida inversa da acidez, superior a 80% foram declaradas positivas, e esses resultados foram atribuídos a *doping* ilegal (veja a Figura C.1).

CONCLUSÃO 143

Figura C.1 Traçando uma fronteira entre os estimulantes naturais e as drogas estimulantes

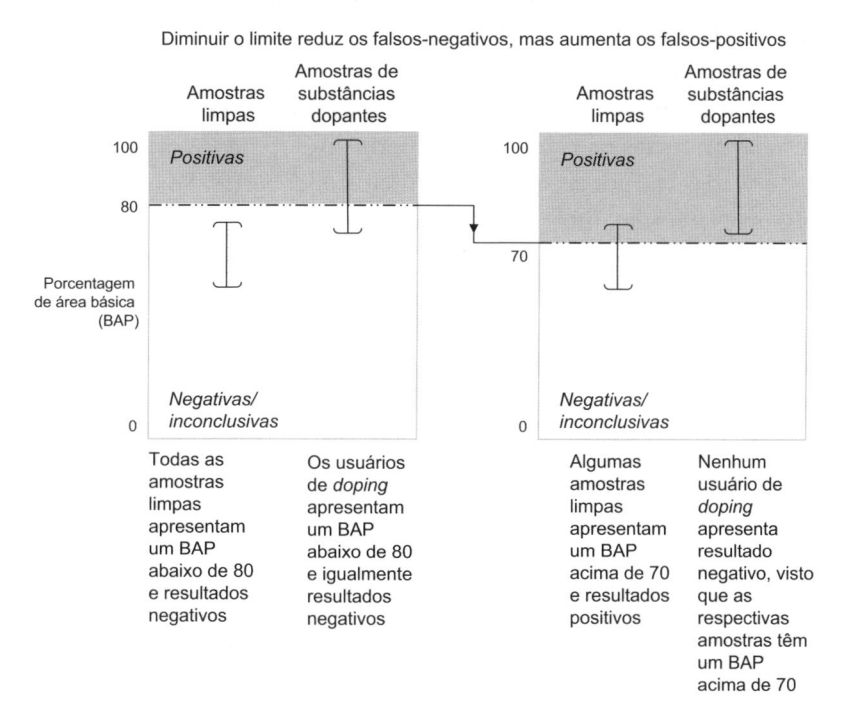

Diminuir o limite reduz os falsos-negativos, mas aumenta os falsos-positivos

Porcentagem de área básica (BAP)

	Amostras limpas	Amostras de substâncias dopantes		Amostras limpas	Amostras de substâncias dopantes
100	*Positivas*		100	*Positivas*	
80			70		
0	*Negativas/ inconclusivas*		0	*Negativas/ inconclusivas*	

Todas as amostras limpas apresentam um BAP abaixo de 80 e resultados negativos

Os usuários de *doping* apresentam um BAP abaixo de 80 e igualmente resultados negativos

Algumas amostras limpas apresentam um BAP acima de 70 e resultados positivos

Nenhum usuário de *doping* apresenta resultado negativo, visto que as respectivas amostras têm um BAP acima de 70

Quando as amostras não apresentam nenhuma variabilidade, o exame pode ser perfeito

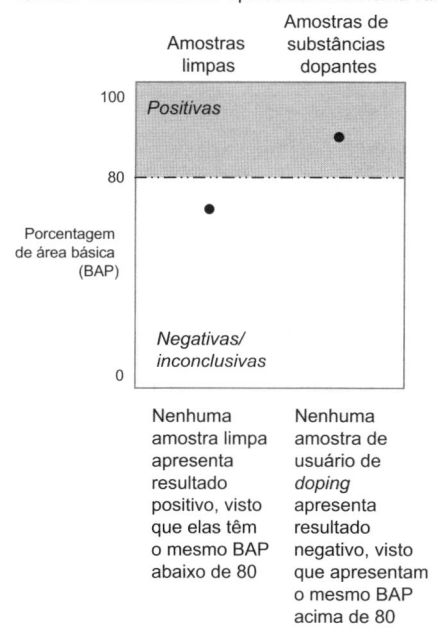

	Amostras limpas	Amostras de substâncias dopantes
100	*Positivas*	
80		
0	*Negativas/ inconclusivas*	

Porcentagem de área básica (BAP)

Nenhuma amostra limpa apresenta resultado positivo, visto que elas têm o mesmo BAP abaixo de 80

Nenhuma amostra de usuário de *doping* apresenta resultado negativo, visto que apresentam o mesmo BAP acima de 80

Para minimizar os erros falsos-positivos, os examinadores intimidados configuraram o limite de BAP para deixar passar todas as amostras limpas, incluindo os "estimulantes naturais", o que teve o efeito de também deixar passar algumas "drogas estimulantes". Isso levou o médico dinamarquês Rasmus Damsgaard a afirmar que várias amostras de urina positivas para EPO estavam apenas juntando poeira nos laboratórios da Agência Mundial Antidoping (World Anti-Doping Agency — Wada), ficando as substâncias ilícitas encobertas. Se os examinadores diminuíssem esse limite, mais usuários de *doping* seriam pegos, mas poucos atletas limpos seriam acusados incorretamente de utilizar *doping*. Essa compensação é tão indesejável quanto inevitável. Essa inevitabilidade origina-se da variabilidade entre as amostras de urina: quanto maior a variação de BAP, mais difícil é traçar uma fronteira entre os estimulantes naturais e as drogas estimulantes. Pelo fato de os laboratórios *antidoping* enfrentarem publicidade negativa diante dos falsos-positivos (enquanto os falsos-negativos permanecem ocultos, a menos que os usuários confessem), eles ajustam os exames para minimizar falsas acusações, o que possibilita que alguns atletas não sejam punidos por *doping*.

A virtude de estar errado

A matéria de estudo dos estatísticos é a variabilidade, e os **modelos estatísticos** são instrumentos que examinam por que as coisas variam. Um modelo de surto de doença associa as causas aos efeitos para nos dizer por que algumas pessoas ficam doentes e outras não; um modelo de pontuação de crédito identifica traços correlacionados para definir quais tomadores de empréstimo são propensos a deixar de pagar seus empréstimos e quais não. Esses dois exemplos representam duas formas válidas de **modelagem estatística**.

George Box é aplaudido justamente por ter declarado: "Todos os modelos estão errados, mas alguns são úteis." A marca dos grandes estatísticos é sua confiança em face da falibilidade. Eles reconhecem que ninguém tem o monopólio da verdade, que não pode ser conhecida desde que haja incerteza no mundo. Mas as informações imperfeitas não os intimidam; eles procuram modelos que se ajustam mais firmemente à evidência disponível do que outras alternativas. Os textos de Box sobre suas experiências no segmento comercial inspiraram várias gerações de estatísticos. Para sentir seu estilo envolvente, consulte a coletânea *Improving Almost Anything* (*Melhorando Praticamente Tudo*), produzida carinhosamente por seus ex-alunos.

Mais tinta do que o necessário já se derramou sobre a dicotomia entre **correlação** e **causalidade**. Perguntar pela enésima vez se a correlação implica causalidade não faz sentido (já sabemos que isso não ocorre). A pergunta: **"A correlação pode ser útil sem a causalidade?**, é bem mais digna de investigação. Esquecendo-se do que os livros-textos dizem, a maioria dos profissionais acredita que a resposta seja quase sempre sim. No caso da pontuação de crédito, os modelos estatísticos baseados em correlação tiveram um sucesso desenfreado ainda que não apresentem explicações simples sobre o motivo por que o risco de crédito de um cliente é pior do que o de outro. O desenvolvimento em paralelo desse tipo de modelo pelos pesquisadores, em inúmeros campos, como o de reconhecimento de padrões, aprendizagem de máquina, extração de conhecimento e mineração de dados, também confirma seu valor prático.

Ao explicar de que modo a pontuação de crédito funciona, os estatísticos enfatizam a similaridade entre métodos tradicionais e modernos; grande parte das críticas dirigidas à tecnologia de pontuação de crédito aplica-se igualmente aos analistas de crédito que tomam decisões de concessão de crédito de acordo com regras elaboradas à mão. Tanto as pontuações de crédito quanto as regras empíricas recorrem às informações contidas nos relatórios de crédito, como saldos de conta pendentes e comportamento de pagamento anterior, e essas questões contêm dados imprecisos independentemente do método de análise. Normalmente, qualquer regra encontrada pelo computador é uma regra que o analista de crédito também usaria se conhecesse. Embora as reclamações das organizações de defesa do consumidor pareçam razoáveis, ninguém até o momento propôs alternativas que possam superar os problemas comuns a ambos os sistemas. Os estatísticos preferem o método de pontuação de crédito porque os computadores são bem mais eficientes do que os analistas de empréstimo para gerar regras de pontuação, as regras criadas são mais complexas e mais precisas e podem ser aplicadas de maneira uniforme a todos os solicitantes de empréstimo, assegurando a imparcialidade. Os líderes do setor concordam, ressaltando que o advento da pontuação de crédito precipitou uma explosão no crédito ao consumidor, o que impulsionou os gastos com consumo, içando a economia norte-americana durante décadas. Considere o seguinte: desde a década de 1970, a concessão de crédito aos consumidores americanos explodiu, chegando a 1.200%, enquanto a profunda recessão que se principiou em 2008 provocou uma retração de menos de 10% ao ano.

Os modelos estatísticos não livram os gerentes de negócios de sua responsabilidade de tomar decisões prudentes. Os algoritmos de pontuação de crédito fazem conjecturas a respeito da probabilidade de um solicitante deixar de pagar um empréstimo, mas nada elucidam sobre o grau de risco que um empreendimento deve arcar. Duas empresas com apetites distintos pelo risco tomarão decisões diferentes, mesmo se utilizarem o mesmo sistema de pontuação de crédito.

Quando a correlação não é capaz de ser útil sem a causalidade, os riscos são sensivelmente maiores. Os detetives da saúde precisam ficar de olho na origem dos alimentos contaminados, visto que é uma irresponsabilidade solicitar a retirada de um alimento do mercado — pois isso paralisa as empresas — com base somente na evidência de correlação. O caso do espinafre embalado de 2006 revelou a sofisticação necessária para solucionar tamanho enigma. Os epidemiologistas utilizaram instrumentos estatísticos avançados, como estudo de caso-controle e redes de compartilhamento de informações; pelo fato de respeitarem as limitações desses métodos, solicitaram a ajuda de pessoal de laboratório e também de pessoal de campo.

Esse caso também exibiu os desafios descomunais das investigações de surto: a urgência aumentava à medida que mais pessoas se diziam doentes, e as principais decisões tiveram de ser tomadas em circunstâncias de muita incerteza. Na investigação acerca do espinafre embalado, todas as peças do quebra-cabeça encaixaram-se primorosamente, permitindo que se traçasse o percurso causal, desde a propriedade rural infestada aos excrementos infestados. Os investigadores tiveram uma sorte inacreditável de capturar o número de lote P227A e descobrir a transferência específica no momento em que ocorreu a contaminação. Muitas outras investigações são tão perfeitas, e os erros não são incomuns. Por exemplo, o surto na Taco Bell em novembro de 2006 a princípio foi associado a cebolas verdes, mas depois a culpa recaiu sobre a alface norte-americana. Em 2008, quando a Agência de Controle de Alimentos e Medicamentos dos EUA (Food and Drug Aministration – FDA) alegou que um surto nacional de salmonela havia sido provocado por tomates, os supermercados e restaurantes imediatamente retiraram os tomates das prateleiras e dos cardápios, deparando-se momentos mais tarde com a infeliz surpresa de que haviam sido vítimas de falso alarme. Os bons estatísticos não se sentem intimidados por esses acidentes ocasionais. Eles reconhecem a virtude do erro, na medida em que nenhum modelo pode ser perfeito; eles apreciam particularmente aqueles dias em que tudo funciona a contento, caso em que ficamos nos perguntando como eles conseguem extrair tanta coisa de tão pouco em um período tão curto.

Interseções

Os fãs da Disney que utilizam os roteiros de visitação de Len Testa curtem um número incrível de atrações em um período de tempo menor nos seus passeios aos parques temáticos da Disney, ou seja, cerca de 70% mais do que um turista comum; Além disso, eles encurtam três horas e meia o tempo de espera e estão entre os visitantes mais satisfeitos da Disney. Ao criar esses planos, a equipe de Testa tirou proveito das correlações. Quase todos nós sabemos que vários fatores influenciam no tempo de espera dos parques temáticos, como condições climáticas, férias e feriados, hora do dia, dia da semana, nível de lotação, popularidade da atração e dias em que o parque abre mais cedo. De modo semelhante à tecnologia de pontuação de crédito, o algoritmo de Testa levou em conta a importância relativa desses fatores. Segundo ele, a popularidade das atrações e a hora do dia importam mais (ambos calculados como 10), seguidas pelo nível de lotação (9), férias e feriados (8), dias em que o parque abre mais cedo (5), dia da semana (2) e condições climáticas (1). Portanto, em relação ao tempo de espera total, na verdade não houve questões como dia de baixa demanda ou de mau tempo. **Como Testa sabe tantas coisas?**

Testa adotou o método que os epidemiologistas orgulhosamente chamaram de "gastar sola de sapato" (*shoe leather*), isto é, caminhar muito. Em um radiante dia de verão em Orlando, Flórida, Testa podia ser visto entre a nervosa multidão às 8h da manhã, nos portões da Walt Disney World, com os tornozelos enfaixados e os dedos do pé untados, não vendo a hora de baixar as cordas. O Testa andava o dia inteiro de lá para cá entre as atrações. Não ficava na fila nem em nenhuma das atrações; a cada meia hora, depois de concluir um circuito, começava novamente na primeira atração. Eram nove horas de caminhada, num percurso de 28 km. Para cobrir uma área ainda maior, tinha uma pequena equipe, que se revezava em diferentes atrações, o ano inteiro. Dessa forma, colhiam os tempos de espera em cada atração, a cada 30 min. De volta ao escritório, os computadores faziam uma varredura, em busca de padrões.

O modelo de Testa não procurou explicar por que determinadas horas do dia eram mais movimentadas do que outras; era suficiente saber quais horários deveriam ser evitados. Tão interessante quanto seria saber de que forma cada etapa do roteiro de visitação diminuía o respectivo tempo de espera, os milhões de fãs de Testa estão preocupados com uma única coisa: se esse roteiro lhes permite visitar mais atrações, aumentando o valor do ingresso que têm em mãos. A legião de leitores satisfeitos é uma prova da utilidade desse modelo correlacional.

~####~

Os polígrafos fiam-se estritamente nas correlações entre o ato de mentir e determinados indicadores fisiológicos. **As correlações são úteis sem a causalidade?** Nesse caso, os estatísticos dizem que não. Para não prender erroneamente pessoas inocentes, com base apenas na evidência de correlação, eles insistem em que a tecnologia de detecção de mentiras adote a modelagem causal empregada na epidemiologia. Eles pedem cautela contra falácias lógicas: **"Os mentirosos respiram rapidamente. A respiração de Fulano acelerou. Portanto,**

Fulano era um mentiroso." A trapaça ou o estresse associados a isso são apenas uma das causas possíveis do ritmo respiratório mais acelerado. Desse modo, as variações desses fatores ou de indicadores semelhantes não indicam necessariamente que a pessoa está mentindo. Tal como a investigação dos epidemiologistas sobre o espinafre e a *E. coli*, as autoridades responsáveis pelo cumprimento da lei devem encontrar evidências corroborativas para fortalecer sua causa, o que raramente se consegue. Uma descoberta notável do relatório de 2002 da Academia Nacional de Ciência (National Academy of Sciences — NAS) foi que a pesquisa científica sobre as causas das mudanças fisiológicas relacionadas à mentira não caminhou par a par com a difusão dos polígrafos. O eminente comitê de avaliação desse relatório defendeu a necessidade de teorias psicológicas coerentes que expliquem a relação entre a mentira e diferentes indicadores fisiológicos.

Por esse mesmo motivo, os modelos de mineração de dados de detecção de terroristas são também falsos e inúteis. Eles revelam padrões de correlação. Segundo os estatísticos, prender suspeitos com base nesses modelos capturará inevitavelmente centenas ou milhares de cidadãos inocentes. A associação entre causa e efeito exige um método mais sofisticado e multidisciplinar, que enfatize a postura de **"gastar sola de sapato"**, conhecida também como coleta de informações de inteligência provenientes de fontes humanas.

O dilema de estar em um mesmo grupo

Em 2007, o aluno pré-universitário médio no último ano do ensino secundário conseguiu uma pontuação de 502 na seção de Leitura Crítica (comunicação oral) do Teste de Aptidão Escolar (Scholastic Assessment Test — SAT). Além disso, as garotas tiveram um desempenho equivalente ao dos garotos (502 e 504, respectivamente). Portanto, nada se perdeu com a divulgação da pontuação média geral, e a simplicidade ganha é um pouco maior. Entretanto, o mesmo não se pode dizer sobre negros e brancos, visto que o estudante negro médio conseguiu uma pontuação de 433, quase 100 pontos abaixo da pontuação média obtida pelo estudante branco médio, que foi 527. Agregar ou não agregar: esse é o dilema de estar em um mesmo grupo. **Os estatísticos deveriam divulgar as médias de vários grupos ou uma média geral?**

A regra prática é manter os grupos juntos se eles forem semelhantes e separá-los se eles forem diferentes. Em nosso exemplo, após os desastres provocados pelos furacões da temporada de 2004-2005, as seguradoras da Flórida reavaliaram o risco de exposição dos habitantes costeiros, determinando que a diferença relativa nos imóveis afastados da costa havia aumentado tão sensivelmente que as seguradoras não tinham mais motivo para manter ambos os grupos juntos em um consórcio indiferenciado de compartilhamento de riscos. Isso seria extremamente injusto com os habitantes do interior.

O problema das **diferenças entre grupos** está no âmago do dilema. Quando existem diferenças entre grupos, eles devem ser desagregados. Não é tão bom termos à nossa disposição grupos já predeterminados para dividirmos as pessoas — por exemplo, dividi-las em grupos raciais, grupos de renda e grupos geográficos. Essa categorização, embora cômoda, nos condiciona a ter uma postura arrogante na formulação de comparações entre negros e brancos, ricos e pobres, estados conservadores e liberais e assim por diante. Os estatísticos nos orientam a examinar cuidadosamente essas diferenças entre os grupos, na medida em que elas não raro ocultam nuanças que aniquilam as regras gerais. Por exemplo, a ideia amplamente defendida de que os ricos votam nos republicanos caiu por terra quando os dados foram analisados Estado por Estado. Andrew Gelman, estatístico da Universidade de Colúmbia, descobriu que essa diferença de comportamento de voto entre os grupos se demonstrou em estados "pobres" como o Mississipi, mas não em Estados "ricos" como Connecticut. [Consulte seu fascinante livro *Red State, Blue State, Rich State, Poor State* (*Estado Conservador, Estado Liberal, Estado Rico, Estado Pobre*), para obter mais informações sobre esse assunto.] De modo semelhante, o acordo Golden Rule fracassou porque o procedimento para examinar itens de teste parciais agrupou estudantes com níveis de habilidade divergentes. A combinação de níveis de habilidade entre estudantes negros variou em relação à dos brancos. Portanto, essa regra gerou vários falsos alarmes, sinalizando questões igualmente injustas mesmo quando não eram.

Para os estatísticos, isso ilustra o famoso **paradoxo de Simpson**: a descoberta simultânea e aparentemente contraditória de que não existe nenhuma diferença entre negros com alto nível de habilidade e brancos com alto nível de habilidade; não existe nenhuma diferença entre negros com baixo nível de habilidade e brancos com baixo nível de habilidade; e quando ambos os níveis de habilidade são misturados, os negros se saem significativamente pior do que os brancos. Para nosso espanto, o procedimento de agregação produz uma aparente disparidade racial!

Eis o que se poderia esperar disso: visto que as diferenças entre grupos inexistem para os grupos com alto e baixo nível de habilidade, a diferença associada deveria ser também zero. Eis o paradoxo: os estatísticos demonstram que, no todo, os brancos superam os negros em desempenho com uma diferença de 80 pontos (a última linha da Tabela C.1). Entretanto, a confusão se dissipa quando se percebe que os estudantes brancos normalmente contam com recursos educacionais superiores, comparativamente aos negros, um fato reconhecido pela comunidade educacional. Dessa forma, a pontuação média dos brancos sofre uma ponderação bem maior em relação à pontuação dos estudantes com alto nível de habilidade, e a dos negros em relação à pontuação dos estudantes com baixo nível de habilidade. Para solucionar esse paradoxo, os estatísticos calculam uma média para cada nível de habilidade para desse modo fazer comparações entre semelhantes. O paradoxo de Simpson é um tema difundido nos livros estatísticos, e à primeira vista parece um conceito complicado.

Tabela C.1 A agregação cria uma diferença: uma ilustração do paradoxo de Simpson

	Paradoxo			Explicação
	Pontuação do grupo com alto nível de habilidade	Pontuação do grupo com baixo nível de habilidade	Pontuação média	Combinação entre alto nível de habilidade e baixo nível de habilidade
Estudantes brancos	600	400	520	60% : 40%
Estudantes negros	600	400	440	20% : 80%
Diferença entre brancos e negros	0	0	80	

Paradoxo: Os estudantes negros com alto nível de habilidade obtiveram a mesma pontuação que os brancos (600); as pontuações dos estudantes com baixo nível de habilidade de ambas as raças também são a mesma (600). Além disso, a pontuação média de 520 do estudante branco está 80 pontos acima da pontuação média do estudante negro.

Explicação: Por contarem com recursos educacionais superiores, 60% dos estudantes brancos exibem alto nível de habilidade em comparação com apenas 20% dos estudantes negros. Portanto, a pontuação média de 520 do estudante branco é em grande medida ponderada pela pontuação de estudantes com alto nível de habilidade (600), enquanto a pontuação de 440 do estudante negro é em grande medida ponderada pela pontuação dos estudantes com baixo nível de habilidade (400).

A identificação do paradoxo de Simpson provocou uma ruptura nas análises sobre a imparcialidade dos testes. O procedimento da análise de funcionamento diferencial dos itens (*differential item functioning* — DIF), introduzida no Capítulo 3, divide os examinandos em grupos de habilidades semelhantes e, em seguida, compara as taxas médias corretas dentro desses grupos. Valendo-se da pesquisa da Educational Testing Service (ETS) na década de 1980, a análise de DIF ganhou aceitação rapidamente como padrão científico. Na prática, a ETS utiliza cinco grupos de habilidades com base na pontuação total do teste. Por respeito à simplicidade, nos preocupamos apenas com o caso de dois grupos.

A estratégia de **estratificação** (analisar os grupos separadamente) é uma maneira de criar grupos semelhantes para fins comparativos. Uma estratégia alternativa mais adequada é a **aleatorização**, quando viável. Com frequência os estatísticos designam aleatoriamente os examinandos em um grupo ou outro; quer dizer, em um ensaio clínico, eles selecionarão aleatoriamente alguns pacientes que receberão placebos, e o restante receberá o medicamento em estudo. Visto que a designação é aleatória, os grupos terão características similares: a mistura de raças será a mesma, a mistura de idade será a mesma e assim por diante. Nesse sentido, a suposição "todos os outros fatores permanecendo iguais" é garantida quando um grupo é escolhido para um tratamento especial. Se o tratamento tiver efeito, o pesquisador não precisa se preocupar com os outros fatores contribuintes. Embora os estatísticos prefiram a aleatorização à estratificação, na análise de DIF, as normas sociais costumam impedir que alguém exponha alguns estudantes **aleatoriamente** a escolas de maior qualidade e outros a escolas de qualidade inferior.

Em contraposição, a tentativa das empresas de seguro da Flórida de desagregar os consórcios de compartilhamento de riscos levou todo o setor à loucura no final da década de 2000. Essa consequência não é tanto uma surpresa se nos recordarmos do princípio básico dos seguros — de que os participantes concordam em intersubsidiar um ao outro em tempos difíceis. Quando as apólices de alto risco da região costeira são dissociadas e passadas para empresas de compra de seguros com capital inicial modesto, como o Poe Financial Group, ou para a Citizens Property Insurance Corporation, a seguradora estatal de última instância, essas entidades precisam arcar com uma severa concentração de riscos, colocando a própria sobrevivência em um sério dilema. Em 2006, o Poe ficou insolvente, depois que 40% de seus clientes liquidaram com um superávit de dez anos em apenas duas estações.

Interseções

De acordo com a estimativa de Arnold Barnett, entre 1987 e 1996, as empresas de transporte aéreo nos países em desenvolvimento sofreram 74% das mortes em acidente aéreo no mundo inteiro, embora operassem somente 18% de todos os voos (veja a Tabela C.2a). Se todas as companhias aéreas fossem igualmente seguras, poderíamos supor que as empresas de transporte aéreo nos países em desenvolvimento compartilhariam em torno de 18% das mortes. Para muitas pessoas, o recado não poderia ser mais claro: os viajantes norte-americanos devem continuar utilizando as companhias aéreas norte-americanas.

Contudo, Barnett sustenta que os norte-americanos nada ganharam "comprando o que é local", porque as empresas de transporte aéreo dos países em desenvolvimento eram tão seguras quanto as dos países desenvolvidos. Como a maioria das pessoas, ele examinou os mesmos números, mas chegou a uma conclusão oposta, enraizada na estatística das diferenças entre os grupos. Barnett descobriu que as companhias aéreas dos países em desenvolvimento tinham um histórico de segurança bem maior nas rotas "entre mundos" do que em outras rotas. Portanto, o agrupamento de todas as rotas criou uma impressão errada.

Visto que as rotas domésticas na maioria dos países são controladas por empresas aéreas domésticas, as companhias aéreas concorrem entre si somente por rotas internacionais; em outras palavras, provavelmente o único momento em que os viajantes norte-americanos têm de escolher uma empresa de transporte aéreo de um país em desenvolvimento é quando estão viajando entre dois mundos. Consequentemente, apenas as rotas entre mundos têm pertinência. Nessas rotas pertinentes, as companhias aéreas dos países em desenvolvimento sofreram 55% das mortes, operando 62% dos voos (veja a Tabela C.2b). Isso indica que elas não eram mais perigosas do que as empresas aéreas dos países desenvolvidos.

Tabela C.2 Estratificação das rotas aéreas: proporção relativa de voos e mortes concernente às empresas de transporte aéreo dos países em desenvolvimento, 1987-1996

(a) Quando todas as rotas foram agrupadas, as companhias aéreas dos países em desenvolvimento pareceram piores:

	Voos	Mortes
Companhias aéreas dos países em desenvolvimento	18%	74%
Companhias aéreas dos países desenvolvidos	82%	26%

(b) Nas rotas entre dois mundos, as companhias aéreas dos países em desenvolvimento não eram menos seguras:

	Voos	Mortes
Companhias aéreas dos países em desenvolvimento	62%	55%
Companhias aéreas dos países desenvolvidos	38%	45%

As diferenças entre grupos entraram em cena novamente quando se fez a comparação entre as companhias aéreas dos países desenvolvidos e as dos países em desenvolvimento apenas nas rotas entre mundos. A existência de diferença entre grupos nas taxas de morte entre os dois grupos de empresas aéreas é o que nos obrigaria a rejeitar a hipótese de segurança equivalente.

Qualquer estratégia de estratificação deve se acompanhar de um grande sinal de advertência, avisam os estatísticos. Esteja atento aos "catadores de cereja", que fazem escolhas seletivas e chamam a atenção somente para um dentre vários outros grupos. Se alguém apresentasse apenas a Tabela C.2b, poderíamos deixar passar o modesto registro de segurança das empresas aéreas dos países em desenvolvimento em suas rotas domésticas, algo que certamente deveríamos saber ao viajar por um país estrangeiro. Um dano por omissão dessa magnitude em geral pode ser combatido com a coleta de informações sobre todos os grupos, sejam eles pertinentes ou não.

~####~

A estratificação gera grupos semelhantes para fins comparativos. Esse procedimento demonstrou-se essencial para que se fizesse uma análise imparcial apropriada das questões dos testes padronizados. Os epidemiologistas têm conhecimento desse princípio desde a ocasião em que *sir* Bradford Hill e *sir* Richard Doll publicaram seu memorável estudo em 1950 associando o tabagismo ao câncer de pulmão, o que veio proclamar o estudo de caso-controle como um método viável de comparação entre grupos. Lembre-se de que Melissa Plantenga, analista no Oregon, foi a primeira a identificar o verdadeiro culpado no caso do espinafre embalado, e seu palpite se baseou no questionário de geração de hipóteses (o *shotgun questionnaire*) com 450 questões, o que revelou que quatro entre cinco pacientes haviam consumido espinafre embalado. Os detetives da saúde não podem se preocupar apenas com a identificação da porcentagem dos "casos" (os pacientes que reportaram a doença) que tiveram contato com um alimento específico; eles precisam de um ponto de referência — a taxa de exposição dos "controles" (aqueles que são semelhantes aos casos, mas não estão doentes). Um alimento deve gerar suspeitas apenas se os casos apresentarem uma taxa de exposição bem maior do que a dos controles. Os estatísticos correlacionam cuidadosamente os casos e os controles para descartar quaisquer outros fatores conhecidos que também possam provocar a doença em um determinado grupo, mas não em outro.

Em 2005, um ano antes do grande surto de *E. coli* nos espinafres, a culpa por outro surto de *E. coli* recaiu sobre a alface norte-americana pré-embalada, também da classe 0157:H7, em Minnesota. Os investigadores entrevistaram dez casos, com idades entre 3 e 84, e recrutaram de dois a três controles, com idades correspondentes, para cada paciente-caso. No estudo de caso-controle, descobriram que a probabilidade de exposição à alface norte-americana pré-embalada era oito vezes maior para os casos do que para os controles; subsequentemente, outra evidência confirmou essa hipótese.

O resultado desse estudo pode também ser expresso desta maneira: entre pessoas semelhantes, aquelas pertencentes ao grupo que ficou doente apresentam uma probabilidade bem maior de terem consumido alface norte-americana do que aquelas no grupo que não ficou doente (veja a Figura C.3). Nesse sentido, o estudo de caso-controle é uma aplicação precisa de comparação entre semelhantes. Quando se identificam diferenças entre grupos semelhantes, os estatísticos os tratam separadamente.

Tabela C.3 O estudo de caso-controle: comparação entre semelhantes

	Porcentagem exposta a...		
	Qualquer tipo de alface	Alface norte-americana pré-embalada	Alface norte-americana pré-embalada da marca Dole
Pacientes-caso	90%	90%	90%
Pacientes-controle	65%	38%	22%

A oscilação e influência do assimétrico

Se todos os terroristas usarem a palavra **churrasco** como senha e soubermos que João é um terrorista, então temos certeza de que João também utiliza a palavra **churrasco**. Aplicar uma verdade generalizada (todos os terroristas) a um caso específico (João, o terrorista) é natural; o sentido contrário, do específico para o geral, é bem mais perigoso. É nesse campo que os estatísticos entram. Se alguém nos diz que João, o terrorista, emprega muito a palavra "churrasco", não podemos ter certeza de que todos os outros terroristas também utilizem essa palavra, mesmo quando um contraexemplo invalida a regra geral.

Por conseguinte, ao fazer generalizações, os estatísticos sempre acrescentam uma **margem de erro**, por meio da qual eles identificam uma probabilidade de engano. A imprecisão se apresenta de duas formas: **falsos-positivos** e **falsos-negativos**, os quais são chamados (em vão) de erros **tipo I e tipo II** nos textos estatísticos. Eles são mais difundidos como falsos alarmes e oportunidades perdidas. Dizendo de outro modo, a precisão encerra a capacidade de detectar corretamente positivos e também a capacidade de detectar corretamente negativos. No linguajar médico, a capacidade de detectar positivos verdadeiros é conhecida como **sensibilidade**, e a capacidade de detectar negativos verdadeiros é chamada de **especificidade**. Infelizmente, o aperfeiçoamento de um tipo de precisão provoca inevitavelmente a deterioração do outro. Consulte o livro-texto *Stats: Data and Models* (*Estatística: Dados e Modelos*), de Richard D. De Veaux, para uma discussão formal, sob o tópico **teste de hipóteses**, e a série de exposições esclarecedoras sobre o contexto médico, de Douglas Altman, publicada no *British Medical Journal*.

Quando os laboratórios *antidoping* estabeleceram o limite legal para as substâncias proibidas, fixaram também os dilemas entre os falsos-positivos e falsos-negativos. De modo semelhante, quando os pesquisadores configuram o programa de computador para que o detector de mentiras portátil PCASS atinja uma proporção desejada de resultados em vermelho, amarelo e verde, eles expressam sua tolerância a um tipo de erro em contraposição a outro. O que motiva esses modos de operação específicos? Nossa discussão presta particular atenção ao efeito dos **incentivos**. Esse elemento enquadra-se no tema da **teoria da decisão**, uma área que tem sido palco para os assim chamados cientistas sociocomportamentais exercerem inúmeras atividades.

Na maioria das situações da vida real, os custos desses dois erros são desiguais ou **assimétricos**. Um tipo é amplamente divulgado e altamente nocivo, e o outro passa despercebido. Tal desequilíbrio distorce os incentivos. No exame de detecção de esteroides, os falsos-negativos são imperceptíveis, a menos que os usuários de *doping* confessem, enquanto os falsos-positivos são invariavelmente ridicularizados em público. Não é de surpreender que os examinadores que se sentem intimidados tendam a declarar a menos os positivos, acobertando involuntariamente muitos usuários de *doping*. No controle da segurança nacional, os falsos-negativos podem prognosticar catástrofes alarmantes, ao passo que os falsos-positivos só são percebidos quando as autoridades revertem seus erros e, por conseguinte, apenas se as vítimas revelarem suas mentiras. Não é de estranhar que o Exército dos EUA configure o polígrafo portátil PCASS para minimizar os falsos-negativos.

Não surpreendentemente, o que influencia os tomadores de decisões é o erro passível de incitar críticas negativas. Embora quase certamente essas posturas tenham piorado o outro tipo de erro, esse efeito é encoberto e, portanto, negligenciado. Em virtude de tais incentivos, somos obrigados a nos preocupar com os falsos-negativos nos exames de detecção de esteroides e com os falsos-positivos nos exames de polígrafo e de controle de terroristas. Para cada fraude de *doping* descoberta pelos laboratórios *antidoping*, aproximadamente dez outros fraudadores escaparam da detecção. Para cada terrorista pego pelo exame de polígrafo, centenas, se não milhares, de cidadãos inocentes foram erroneamente implicados. Os índices são piores quando os alvos a serem testados são mais infrequentes (e os espiões ou terroristas na verdade são raros).

O best-seller *Freakonomics* oferece um agradabilíssimo panorama da economia comportamental e dos incentivos. As fórmulas para os falsos-positivos e os falsos-negativos envolvem **probabilidades condicionais** e a famosa **regra de Bayes**, um marco de qualquer livro introdutório sobre estatística ou probabilidade. A bem da simplicidade, a análise dos livros-textos em geral presume que o custo de cada erro seja o mesmo. Na prática, esses custos tendem a ser desiguais e influenciados por metas sociais como equidade e, igualmente, por características individuais como integridade, o que pode conflitar com o objetivo de precisão científica.

Interseções

Os bancos fiam-se nas pontuações de crédito para tomar decisões sobre se devem ou não conceder empréstimos aos solicitantes. As pontuações de crédito preveem a probabilidade de os clientes restituírem os respectivos empréstimos; provenientes de modelos estatísticos, as pontuações estão sujeitas a erros. Como os examinadores de polígrafo, os analistas de empréstimo têm grandes incentivos para reduzir os falsos-negativos à custa dos falsos-positivos. Os erros falsos-negativos põem dinheiro nas mãos de pessoas que subsequentemente deixarão de pagar os empréstimos, e disso decorrem as dívidas incobráveis, as baixas contábeis ou mesmo a insolvência dos bancos. Os erros falsos-positivos provocam a perda de vendas, visto que os bancos recusam solicitantes respeitáveis que, ao contrário, cumpririam suas obrigações. Entretanto, observe que os falsos-positivos são imperceptíveis para os bancos: quando eles negam um empréstimo a determinados clientes, os bancos não conseguem ter certeza de que esses clientes cumpririam ou não sua obrigação de restituir o empréstimo. Como é de esperar, esses custos assimétricos levam os analistas de crédito a rejeitar mais do que seria necessário clientes mais adequados, reduzindo seu nível de exposição a clientes ruins. Não é por acaso que essas decisões são tomadas pelo departamento de gerenciamento de riscos, e não pelo departamento de vendas e *marketing*.

A estrutura de incentivos nunca é estática; ela muda com o ciclo econômico. Durante o gigantesco *boom* de crédito no início da década de 2000, as baixas taxas de juros injetaram dinheiro fácil na economia e abriram o caminho para uma abundante oferta de empréstimos de todos os tipos, a preços reduzidos, elevando o custo de oportunidade dos falsos-positivos (vendas perdidas). Ao mesmo tempo, a maré alta na economia "movimentou todos os barcos" e diminuiu o índice de inadimplência do empresário médio, cortando o custo dos falsos-negativos (dívida incobrável). Portanto, os gerentes bancários foram incentivados a perseguir um volume maior de vendas quando estimassem riscos menores. Mas não havia almoço grátis: a moderação dos falsos-positivos gerou inevitavelmente mais falsos-negativos, isto é, mais dívidas incobráveis. Aliás, no final da década de 2000, os bancos que, por insensatez, relaxaram os critérios de empréstimo no início da década afundaram sob o peso dos empréstimos com parcelas em atraso, principal fator que levou os EUA a entrar em recessão.

~####~

Jeffrey Rosenthal empregou um pouco de raciocínio estatístico para provar que os proprietários de lojas de bairro haviam fraudado a loteria Encore, de Ontário. Como era esperado, uivos de protestos irromperam dos acusados. Líderes do setor também se intrometeram na conversa, chamando a desfavorável denúncia de Rosenthal de "ultrajante" e sustentando que esses lojistas tinham "o mais alto nível de integridade".

Teria sido um alarme falso? Com base em testes estatísticos, sabemos que, se os lojistas tivessem a mesma sorte nas loterias que as demais pessoas, a probabilidade de ganharem pelo menos 200 prêmios num total de 5.713 era de 1 em 1 quindecilhão (1 seguido de 48 zeros), ou seja, praticamente zero. Consequentemente, Rosenthal rejeitou a hipótese de que não teria havido fraude, considerando-a impossível. O palpite de que ele havia se enganado era equivalente a acreditar que os lojistas que revendiam bilhetes de loteria haviam superado honestamente a mais rara das probabilidades. A chance de essa circunstância ocorrer de forma natural — isto é, a chance de um falso alarme — seria exatamente a probabilidade anterior. Portanto, somos impelidos a duvidar de sua conclusão. (Lembre-se de que existe um dilema inevitável entre os falsos-positivos e os falsos-negativos. Se Rosenthal escolhesse incorporar uma taxa mais alta de falsos-positivos — 1 em 100 é o normal —, poderia reduzir a probabilidade de um falso-negativo, que é a incapacidade de expor os lojistas desonestos. Isso explica por que ele foi capaz de **rejeitar** a hipótese de não ter havido fraude também no oeste do Canadá, embora a probabilidade de 1 em 2,3 milhões fosse elevada.)

O poder do que é impossível

O raciocínio estatístico é absolutamente fundamental para o método científico, que exige teorias para gerar hipóteses testáveis. Os estatísticos criaram um modelo para julgar se existem evidências suficientes que corroborem uma determinada hipótese. Esse modelo é conhecido como **teste estatístico**, também chamado de **teste de hipóteses** ou **teste de significância**. Consulte o livro-texto *Stats: Data and Models*, de De Veaux, para uma introdução notadamente fluente a esse vasto tema.

Considere o medo que se tem de voar em companhias aéreas dos países em desenvolvimento. Essa ansiedade está fundamentada no pressentimento de que essas empresas no mundo em desenvolvimento são mais propensas a acidentes fatais do que suas equivalentes no mundo desenvolvido. Arnold Barnett virou essa hipótese do avesso e raciocinou da seguinte forma: se os dois grupos de companhias aéreas fossem igualmente seguros, as mortes nos acidentes aéreos ao longo dos últimos dez anos deveriam ter sido distribuídas de maneira aleatória entre os dois grupos, proporcionalmente à combinação de voos entre ambos. Ao examinar os dados sobre os voos, Barnett não encontrou evidências suficientes para refutar a hipótese de segurança equivalente.

Todas as várias averiguações de Barnett — a comparação entre companhias aéreas de países desenvolvidas e de países em desenvolvimento, a comparação entre empresas aéreas domésticas americanas — apontaram para o mesmo resultado geral: de que **não** era impossível que essas empresas aéreas tivessem o mesmo nível de segurança. Foi isso que ele quis dizer quando afirmou que os passageiros "não têm para onde correr"; qualquer companhia aérea poderia ser vítima do acidente seguinte, que é improvável.

Os testes estatísticos também podem levar a outra conclusão, de que o que ocorreu *é* impossível. Por exemplo, Jeffrey Rosenthal demonstrou que era impossível os revendedores lotéricos ganharem os prêmios da loteria Encore com tamanha frequência diante da suposição de que sua chance de ganhar era tal qual a de todas as demais pessoas. A probabilidade diminuta calculada por Rosenthal, de 1 em um quindecilhão, é tecnicamente conhecida como **valor p** e demonstra o quanto a situação é improvável. Quanto menor o valor **p**, mais impossível será a situação e tanto maior será seu poder de refutar a situação de que não houve fraude. Portanto, dizem os estatísticos, o resultado tem **significância estatística**. Observe que se trata de uma questão de magnitude, e não de tendência. Se o valor *p* fosse 20%, haveria uma probabilidade de 1 em 5 de ver ao menos 200 revendedores premiados em sete anos, não obstante a ausência de fraude, e nessa circunstância Rosenthal não teria evidências suficientes para derrubar a hipótese de que a loteria era honesta. Os estatísticos estabelecem um padrão mínimo de evidência aceitável, que é um valor **p** de 1% ou 5%. Esse método foi concebido por *sir* Ronald Fisher, um dos maiores pensadores e divulgadores do raciocínio estatístico. Para um tratamento mais formal sobre os valores **p** e a significância estatística, estude os tópicos de teste de hipóteses e intervalos de confiança em algum livro-texto de estatística.

O modelo do teste estatístico pressupõe que os **milagres não existem**. Se não nos intimidássemos com a probabilidade de 1 em 1 quindecilhão, poderíamos acreditar que Phyllis LaPlante simplesmente era uma mulher que tinha uma sorte inacreditável, de fato inacreditável. Então, nesse caso, sem dúvida alguma nosso próximo voo poderia ser o último. Visto que os estatísticos são treinados a pensar que o raro é impossível, eles não sentem medo de voar e não jogam na loteria.

Interseções

Os especialistas em psicometria utilizam o princípio do teste estatístico para detectar se existe DIF (funcionamento diferencial dos itens) nos testes padronizados. Diz-se que existe DIF em uma questão do teste se um grupo de examinandos considerá-la mais difícil do que outro grupo de examinandos com habilidades semelhantes. Se a diferença entre os grupos for de 1%, hesitaríamos em concluir que o item é injusto. Entretanto, se a discrepância fosse de 15%, ficaríamos propensos a soar o alarme. Tal como na análise da loteria, trata-se de uma questão de magnitude da diferença, e não tanto de tendência. Aliás, o critério adotado pela ETS marca as diferenças significativas em ambas as tendências como inaceitáveis.

Em efeito, a pergunta que os pesquisadores da ETS fazem é a seguinte: "Se o item do teste é injusto para ambos os grupos, com que raridade a diferença entre examinandos negros e brancos seria tão grande (ou maior) quanto a diferença observada no momento?". Para buscar essa resposta, eles utilizam as pontuações reais das seções experimentais do SAT. Na década de 1980, a ETS percebeu que, para que essa análise fizesse sentido, os examinandos deveriam ser correlacionados primeiramente em relação à sua "habilidade"; do contrário, a ETS não poderia atribuir diretamente nenhuma diferença de desempenho a um padrão de item injusto. Os estatísticos afirmam que a correspondência elimina a **confusão** em dois fatores: padrão do item e qualidade da educação. Embora existam vários métodos para avaliar o DIF, todos eles empregam o modelo do teste estatístico.

~###~

Em Minnesota, um ambicioso experimento foi organizado para avaliar até que ponto o desligamento dos semáforos nas entradas das vias expressas afetaria o nível de congestionamento. Do ponto de vista do teste estatístico, os céticos liderados pelo senador Dick Day queriam saber o seguinte. Se o controle de acesso era inútil, então qual seria a probabilidade de o tempo médio de percurso ter uma melhoria de 22% (porcentagem proclamada pelos engenheiros responsáveis pelo programa) depois que os semáforos fossem desligados? Pelo fato de essa probabilidade, ou valor **p**, ser pequena, os consultores que analisaram o experimento concluíram que o instrumento favorito dos engenheiros de tráfego era na verdade eficaz para reduzir o congestionamento.

Visto que os estatísticos não acreditam em milagres, eles evitam o caminho alternativo, que afirmaria que um acontecimento raro — em vez de o desligamento dos semáforos — poderia ter piorado o tempo de percurso durante o experimento. Esse acontecimento poderia ter sido uma tempestade de neve depois de 25 anos ou um engavetamento de 50 carros (nenhum dos dois ocorreu). Na prática, se um experimento tiver de fato ocorrido em circunstâncias anormais, não produziria nenhum dado esclarecedor sobre a questão em estudo, caso em que um novo experimento deve ser providenciado.

Os números governam a sua vida

Ao longo da leitura deste livro, talvez você tenha começado a perceber que os números de uma forma geral **governam a sua vida**. Enquanto você dirige, os engenheiros estão avaliando sua velocidade nas vias de acesso e saída das rodovias. Se você for com a família à Walt Disney World, perceberá que as câmeras registram seu trajeto entre uma atração e outra ou talvez dê de cara com Len Testa ou sua equipe fazendo a contagem do número de pessoas no parque. Agora você sabe que as pontuações de crédito não precisam ter lógica para trabalhar a seu favor. Mas quando a FDA recolhe um ou outro alimento, é recomendável saber se essa agência localizou os números de lote em questão. Se você ou seus filhos tiverem se submetido a um teste padronizado, você deve saber como os desenvolvedores do teste escolhem as questões que devem ser justas para todas as pessoas. Os indivíduos que moram em áreas de risco agora podem examinar por que as empresas de seguro privadas estão fugindo. Na próxima vez em que ouvir um atleta fracassado se queixar de que está sendo perseguido pelos examinadores de esteroides, você deve se lembrar daquelas amostras negativas que estão juntando poeira nos laboratórios. Quando for lançado o próximo programa de detecção de mentiras para fazer a triagem de possíveis terroristas, você deve se perguntar sobre as pessoas inocentes que estão sendo postas atrás das grades por engano. Assim que entrar em um avião, ficará relaxado, por saber que não tem para onde correr. E quando resolver jogar na loteria, olhará bem nos olhos da pessoa que está lhe vendendo o bilhete.

Se você reagir dessa maneira, como espero que de fato faça, **pensará como um estatístico pensa**.

Talvez agora, na próxima vez em que se conectar à Internet para obter informações nos gráficos do mercado acionário, pense sobre como a variabilidade dos lucros pode afetar sua estratégia de investimento. Quando a FDA retirar imediatamente do mercado outro medicamento de grande sucesso de vendas, você se perguntará como é que essa agência teve certeza a princípio de que esse medicamento ajudava os pacientes a se restabelecer. Ao ficar sabendo do mais recente suplemento alimentar lançado mercado, você examinará quais grupos estão sendo comparados, se eles são comparáveis e se você pertence a algum deles. No supermercado, você não ficará surpreso quando o computador emitir um cupom de desconto aparentemente desproposital, lhe empurrando um produto que você nunca usaria — aliás, você pode refletir sobre o custo relativo desses dois erros (falso-positivo e falso-negativo). Quando lhe oferecerem outra opção de investimento, daquelas de dar água na boca, você vai querer saber até que ponto é remota a probabilidade de esse investimento manter retornos financeiros estáveis ao longo de 30 anos, isso se você admitir que o gerente de investimentos não é um caloteiro.

Se souber como utilizar os números para tomar decisões em seu dia a dia, **você é quem governará sua vida**.

Notas

Nas notas que se seguem, relaciono fontes importantes, sugiro leituras complementares e forneço determinados detalhes que foram omitidos nos capítulos precedentes. Você pode obter uma bibliografia abrangente no meu site utilizando este link: www.junkcharts.typepad.com.

Referências gerais

Os livros sobre estatística podem ser divididos em três categorias gerais.

A categoria popular, sobre "mentiras cabeludas e estatísticas", na qual os autores reúnem exemplos reveladores e hilários sobre como os números são manipulados, obteve sucesso e respeito com *How to Lie with Statistics* [*Como Mentir com Estatística*], de Darrell Huff, ainda o que há de melhor após cinco décadas de sua publicação. Outros nomes notáveis que contribuem para essa lista são Howard Wainer, proeminente estatístico industrial [*Graphic Discovery (A Descoberta do Gráfico), Visual Revelations (Revelações Visuais)*, dentre outros]; John Allen Paulos, incansável defensor da alfabetização numérica [*Innumeracy (Inumerismo), A Mathematician Reads the Newspaper (Um Matemático Lê o Jornal)*, dentre outros]; e Ed Tufte, especialista em apresentação gráfica de informações [*The Visual Display of Quantitative Information (Exposição Visual de Informações Quantitativas), Visual Explanations (Explanações Visuais)*, dentre outros]. Meu *blog*, o Junk Charts (www.junkcharts.typepad.com), traz comentários críticos e reconstitui gráficos divulgados na mídia prevalecente. O jornalista científico Ben Goldacre normalmente desmascara algumas falácias estatísticas em seu *blog* Bad Science (www.badscience.net).

A segunda categoria, história e biografias, está sempre em voga. Para aqueles com alguma formação em matemática, os dois livros de Stephen Stigler sobre o desenvolvimento histórico do raciocínio estatístico são indispensáveis. Stigler, professor na Universidade de Chicago, escreveu ensaios formidáveis sobre o **"homem médio"** e outras descobertas de Adolphe Quételet. Já foram publicadas biografias de estatísticos importantes, como a de Karl Pearson e *sir* Francis Galton. Os livros sobre estatística para o público em geral tendem a enfatizar os fundamentos probabilísticos e estão recheados de exemplos históricos ou hipotéticos e de esboços biográficos. Dentre esses, *Struck by Lightning* (*Atingido por Um Raio*), de Jeffrey Rosenthal, é rápido e rasteiro. Além desses, os seguintes livros, mais especializados, são excepcionais: *Dicing with Death* (*Brincando com a Morte*), de Stephen Senn, destaca o emprego da estatística nas ciências médicas; *Taking Chances* (*Arriscando a Sorte*), de John Haigh, desmistifica as loterias e os jogos de azar; *Fortune's Formula* (*Fórmula da Sorte*), de William Poundstone, disseca uma estratégia de jogo específica; e *Super Crunchers*, de Ian Ayres, avalia a utilização da mineração de dados pelas empresas.

Finalmente, dentre os livros-textos, a série de Richard D. De Veaux, Paul Velleman e David Bock [*Intro Stats* (*Introdução à Estatística*), *Stats: Modeling the World* (*Estatística: Modelando o Mundo*), *Stats: Data and Models* (*Estatística: Dados e Modelos*)] são os mais recomendáveis por conter uma abordagem intuitiva. Uma característica comum dos livros-textos de estatística é que eles são organizados em torno das técnicas matemáticas de regressão linear, análise de variância e teste de hipóteses. Em contraposição, apresento os conceitos essenciais que estão por trás dessas técnicas, como variabilidade, correlação e estratificação.

Como a maioria dos livros concentra-se em teorias novas e emocionantes, o trabalho dos cientistas aplicados foi negligenciado de uma maneira generalizada. *Freakonomics* é uma exceção notável. Esse livro cobre a pesquisa aplicada do professor de economia Steven Levitt. Dois livros na área financeira também velem a pena: em *The Black Swan* (*O Cisne-Negro*), Nassim Taleb passa um sermão nos teóricos da matemática financeira (e de outros campos análogos) com relação a suas falhas de raciocínio estatístico, enquanto em *My Life as a Quant* (*Minha Vida como Analista Quantitativo*), Emanuel Derman oferece vários ensinamentos valiosos para os engenheiros financeiros. O mais importante deles é que os modeladores das ciências sociais — diferentemente dos físicos — não **devem procurar a verdade**.

Daniel Kahneman resume sua pesquisa, agraciada com o prêmio Nobel, sobre a psicologia do julgamento, incluindo a distinção entre intuição e raciocínio, em *Maps of Bounded Rationality: Psychology for Behavioral Economics* (*Mapas *da Racionalidade Limitada: Psicologia da Economia Comportamental*), publicado na *American Economic Review*. Esse corpo de obras tem uma influência tremenda no desenvolvimento da economia comportamental. O psicólogo Richard Nisbett e seus colegas investigaram as circunstâncias nas quais as pessoas passam a empregar o raciocínio estatístico; veja, por exemplo, *The Use of Statistical Heuristics in Everyday Inductive Reasoning* (*O Uso das Heurísticas Estatísticas no Raciocínio Indutivo Cotidiano*), publicado na *Psychological Review*. Em um livro anterior, *Judgment Under Uncertainty* (*O Julgamento em Face da Incerteza*), um verdadeiro clássico, Kahneman compilou uma lista de heurísticas que não passam de falácias estatísticas.

Acesso lento às vias expressas

Os estudos sobre a espera têm uma história distinta na matemática e na disciplina de pesquisa operacional, sob a denominação **teoria das filas**. Pesquisas análogas, realizadas em escolas de negócios, tendem a se concentrar na avaliação e na otimização dos sistemas de fila do mundo real em geral em lugares como bancos, centrais de atendimento e supermercados. Grande parte dessas pesquisas preocupa-se em analisar o comportamento **médio** a longo prazo. O professor Dick Larson, do Instituto de Tecnologia de Massachusetts (Massachusetts Institute of Technology — MIT) foi uma das primeiras vozes a desviar a atenção das médias para a variabilidade dos tempos de espera, bem como para a psicologia da espera. Vale a pena procurar seus artigos de opinião publicados na *Technology Review* e na *MIT Sloan Management Review*. Foi o influente artigo *The Psychology of Waiting Times* (*A Psicologia dos Tempos de Espera*) de David Maister que estabeleceu a pauta para o estudo dos aspectos psicológicos das filas, com a importante sacada de que a diminuição do tempo de espera percebido poderia funcionar tão bem quanto a redução do tempo de espera real. Os artigos de fundo de Robert Matthews (na revista *New Scientist*) e Kelly Baron (na *Forbes*), ambos coincidentemente intitulados *Hurry up and Wait* (*Apresse-se para Esperar*), retratam uma série de aplicações da teoria das filas. Em relação à visão das operações empresariais sobre a teoria das filas, consulte *Matching Supply with Demand* (*Compatibilizando a Oferta com a Demanda*), dos professores da Wharton School Gérard Cachon e Christian Terwiesch; e em relação à interpretação matemática convencional, consulte os livros-textos introdutórios de Randolph Hall ou Robert Cooper.

O tema da variabilidade não é exposto de maneira adequada nos livros estatísticos, embora seja fundamentalmente importante. Em geral, fica subordinado às **medidas de dispersão** — quer dizer desvio padrão e percentis —, mas a formulação matemática obscurece o significado prático da variabilidade.

O departamento de Transportes de Minnesota (Minnesota Department of Transportation — Mn/DOT) publicou relatórios abrangentes sobre todas as fases do experimento "desligamento dos controladores de acesso", com dados corroborativos e informações detalhadas sobre implementação. A Cambridge Systematics, empresa de consultoria contratada pelo Mn/DOT, divulgou relatórios em uma variedade de projetos relacionados aos meios de transporte, que podem ser acessados no *site* da empresa. O *Minneapolis Star Tribune* empregou vários redatores de primeira linha na área de transporte, como Jim Foti (conhecido como "Roadguy") e Laurie Blake; o *blog* Roadguy (http://blogs2.startribune.com/blogs/roadguy) apresenta conversas animadas entre pessoas que viajam diariamente para trabalhar, várias delas incluídas nesse capítulo, como a primeira citação de abertura — um *haicai* escrito por Nathan. Foi Blacke que entrevistou a usuária Julie Cross, para a qual os tempos de percurso variáveis foram vivenciados como um problema de falta de confiabilidade. Tanto o *Star Tribune* quanto o *St. Paul Pioneer Press* mobilizou a reação pública antes, durante e depois do experimento dos semáforos, incluindo os comentários citados por Day, Lau, Pawlenty e Cutler.

Tirando proveito de sua proximidade com um amplo sistema rodoviário, o destacado grupo de pesquisa conhecido como PATH (Partners for Advanced Transit and Highways),* da Universidade da Califórnia, Berkeley, realizou um trabalho pioneiro sobre o paradoxo do congestionamento das vias expressas, do qual extraíram a justificativa teórica para o controle de acesso por meio de semáforos. O artigo de Chen Chao, Jia Zhanfeng e Pravin Varaiya, *Causes and Cures of Highway Congestion* (*Causas e Curas do Congestionamento das Vias Expressas*), é um resumo excelente desse impressionante corpo de obras. Um dos segredos do sucesso desse grupo com certeza deve ser as teorias formuladas em prol de dados reais sobre o tráfego, e não as teorias por si sós. Além disso, vale examinar dois relatórios divulgados pela Administração Federal de Vias Expressas dos EUA: um manual sobre o gerenciamento de vias de acesso e uma cartilha sobre congestionamentos de trânsito.

Em *Still Stuck in Traffic* (*Presos no Trânsito*), o economista Anthony Downs apresentou um estudo definitivo sobre congestionamento de trânsito, cobrindo aspectos técnicos e não técnicos do problema. O princípio da **"tripla convergência"** de Downs é um argumento atraente contra o aumento de capacidade enquanto solução final para os congestionamentos porque essa nova capacidade

---

* Parceiros em Prol da Melhoria do Trânsito e das Vias Expressas. (N. da T.)

apenas gerará nova demanda. Downs apresenta a tese polêmica de que o congestionamento em si é a solução do mercado para um problema de incompatibilidade entre oferta e demanda. As estatísticas nacionais sobre viagens diárias para o trabalho foram extraídas do artigo *America's Worst Commutes* (*As Piores Viagens Diárias para o Trabalho nos EUA*), Elisabeth Eaves, publicado na *Forbes*. A Sociedade Americana de Engenheiros Civis divulga anualmente o Report Card for America's Infrastructure, que avalia o congestionamento rodoviário em todos os 50 Estados. A comunidade de engenharia só recentemente reconheceu a importância de gerenciar a confiabilidade (variabilidade) dos tempos de percurso; veja a palestra de Richard Margiotta para a Coalizão Nacional de Operações de Transporte, disponível *on-line*, sobre o que há de mais atual.

Existem vários outros problemas estatísticos interessantes no transporte público. Os leitores interessados devem examinar os sistemas de faixas exclusivas para os veículos de alta ocupação (*high-occupancy-vehicle* — HOV) ou que pagam uma taxa se o veículo tiver menos de três pessoas (*high-occupancy-toll* — HOT), a integração de ônibus e trens do metrô, o paradoxo de Braess, o paradoxo do tempo de espera, a programação de trens e a roteirização de veículos, dentre outros.

Acesso rápido às atrações

A Walt Disney Company ganhou excelente reputação por aperfeiçoar a experiência de seus visitantes. Alguns dos métodos da Disney para gerenciar as filas de espera, que se destacam como os mais avançados do setor, foram relatados por Duncan Dickson, Robert Ford e Bruce Laval em *Managing Real and Virtual Waits in Hospitality and Service Organizations* (*Gerenciando Esperas Reais e Virtuais nas Organizações Hoteleiras e de Serviços*), em que desenvolveram um conveniente esquema para os gerentes de negócios. O FastPass faz um tremendo sucesso entre os fãs da Disney. A análise dos tempos de espera com e sem o FastPass provêm do *An Unofficial Walt Disney World Web Page* (*Uma Página Web Não Oficial do Walt Disney World*), de Allan Jayne Jr., e de dicas do *blog* de Julie Neal, hospedado pelo Amazon.com, para usar o FastPass. Os fãs da Disney adoram escrever sobre suas experiências e esses relatos de viagem povoam numerosos *sites*, como o MousePlanet.com, DISboards.com e AllEars.net. As várias citações desse capítulo foram extraídas dos artigos de Steven Ford (no *Orlando Sentinel*), Marissa Klein (no *Stanford Daily*), Mark Muckenfuss (no *Press-Enterprise—Riverside, CA*) e Catherine Newton (no *Times Union*), e do *The Unofficial Guide to Walt Disney World* (*Guia Não Oficial do Walt Disney World*), de Bob Sehlinger e Len Testa. O haicai na abertura do segundo capítulo foi uma contribuição anônima para um *site* peculiar denominado DisneyLies.com, em que o autor verifica todos os fatos a respeito da Disney.

Os roteiros de visitação desenvolvidos por Len Testa e seus assistentes, como o Ultimate Touring Plan, podem ser encontrados nesse guia não oficial, bem como no *site* TouringPlans afiliado. Os fãs desse irreverente guia turístico compraram rapidamente milhões de exemplares. A proeza de Waller e Bendeck foi registrada no TouringPlans.com. Esse mesmo *site* apresenta uma crítica a esse modelo preditivo, como a importância relativa dos diferentes fatores que afetam os tempos de espera. O problema técnico do qual Testa se ocupou pertence à mesma família do problema do vendedor ambulante, que é notoriamente difícil. Em resumo, é a busca pelo caminho mais rápido em uma relação de paradas que volta ao ponto de origem. Um livro de consulta abrangente é *The Traveling Salesman Problem: A Computational Study* (*O Problema do Vendedor Ambulante: Um Estudo Computacional*), de David Applegate, Robert Bixby, Vasek Chvatal e William Cook.

Espinafre embalado

Em janeiro de 2000, o *New England Journal of Medicine* publicou uma lista dos maiores avanços na medicina no século XX, trazendo um merecido reconhecimento ao trabalho dos estatísticos. O escopo da epidemiologia é bem mais amplo e não se resume a investigar apenas surtos de doenças. Kenneth Rothman foi quem escreveu o texto clássico sobre o tema, *Modern Epidemiology* (*Epidemiologia Moderna*). É também recomendável o artigo *Statistical Models and Shoe Leather* (*Modelos Estatísticos e Sola de Sapato*, que contém reflexões veementes do estatístico David Freedman. Os epidemiologistas investigam vários tipos de doença, além das indisposições provocadas pela ingestão de determinados alimentos. Lendas sobre a descoberta das causas da doença dos legionários, o vírus ebola, a síndrome da guerra do Golfo e assim por diante. Todas essas histórias de suspense e aventura são contadas em livros como *Virus Hunter* (*Caçador de Vírus*), de C. J. Peters, e *The Medical Detectives* (*Detetives da Medicina*), de Berton Roueché. Uma profusão de conteúdos suntuosamente produzidos está acessível ao público pela Rede de Formação em Saúde Pública dos Centros de Controle e Prevenção de Doenças (Centers for Disease Control and Prevention — CDC) e pelo programa Young Epidemiology Scholars (YES), conduzido pela associação College Board.

Na epidemiologia, o debate filosófico fundamental está relacionado à **causalidade** e **correlação**. Os livros-textos normais incorporam esse assunto na discussão sobre **regressão**, o burro de carga da modelagem estatística. Os livros mais avançados examinam os temas entrelaçados dos **estudos observacionais** e dos **experimentos aleatórios**. Considerado o "padrão ouro", o experimento aleatorizado é cuidadosamente projetado para possibilitar atribuições diretas e resolutas de causa e efeito. Entretanto, os epidemiologistas precisam recorrer ao estudo observacional, porque é antiético expor as pessoas arbitrariamente à *E. coli* ou a outros agentes infecciosos. Nesse tipo de estudo, deduz-se a relação causa–efeito admitindo-se suposições improváveis e algumas vezes extremas — daí a controvérsia. Para uma discussão sobre os experimentos aleatorizados, consulte o livro clássico *Statistics for Experimenters* (*Estatística para Experimentadores*), de George Box, Stuart Hunter e Bill Hunter; quanto aos estudos observacionais, consulte a monografia *Matched Sampling for Causal Effects* (*Amostragem Combinada para Efeitos Causais*), de Paul Rosenbaum e Don Rubin, na qual encontrará pontos de vista construtivos; e para conhecer as limitações, examine o artigo de David Freedman, que foi professor de estatística na Berkeley.

A discussão em pauta entre os epidemiologistas a respeito da imperfeição de seus métodos estatísticos oferece um ponto de vista prático sobre a causalidade para complementar as referências mencionadas anteriormente. Gary Taubes, jornalista científico, apresenta o melhor ponto de partida em *Epidemiology Faces Its Limits* (*A Epidemiologia Encontra Seus Limites*), publicado na *Science*. Se quiser mais informações, consulte os comentários de Erik von Elm (no *British Medical Journal*), Dimitrios Trichopoulos (em *Sozial und Praventivmedizin*), Sharon Schwartz (no *International Journal of Epidemiology*) e Kenneth Rothman (no *American Journal of Public Health*). Alfred Evans dá a esse tema um tratamento abrangente em *Causation and Disease* (*Causalidade e Doença*). Steven Levitt e Stephen Dubner expõem alguns estudos de caso instigantes na área de economia; o livro *Freakonomics*, dos referidos autores, contém uma lista de referências úteis. A Agência de Controle de Alimentos e Medicamentos dos EUA (Food and Drug Administration — FDA) e o CDC cuidaram da documentação oficial da investigação sobre *E. coli* em 2006, e o do Congresso publicou um resumo bastante prático. Um relatório da Equipe Californiana de Resposta a Emergências Relacionadas a Alimentos cobriu a inspeção das propriedades rurais californianas. Os jornais e a mídia locais acompanharam os fatos à medida que eles se desenrolavam; minhas fontes incluem o *Los Angeles Times*, *San Francisco Chronicle*, *Monterey County (CA) Herald*, *Inside Bay Area*, *Manitowoc (WI) Herald Times*, *Appleton (WI) Post-Crescent*, *Lakeshore Health Notes*, a estação de rádio WCO em Mineápolis e o *Why Files*. Em um extraordinário relatório de pesquisa divulgado em 2007, o Instituto de Políticas dos Alimentos da Universidade Rutgers avaliou a influência da mídia sobre o surto. Todd Weiss avaliou o papel das redes de computadores para a *Computerworld*. Suzanne Bohan citou o endosso de Caroline Smith DeWaal à ação governamental em um artigo do *Oakland Tribune*.

As informações científicas foram fornecidas pelos epidemiologistas federais e estaduais Michael Lynch, Robert Tauxe, Linda Calvin, Jack Guzewich, Paul Cieslak e Lorrie King. Kenneth Schultz e David Grimes apresentaram um excelente panorama técnico do estudo de caso-controle no periódico *The Lancet*. É possível obter exemplos dos questionários usados nesses estudos em vários departamentos estaduais de epidemiologia.

Uma breve biografia de Alexander Langmuir, fundador da unidade Serviço de Inteligência Epidêmica do CDC, é oferecida por Jeffrey Koplan e Stephen Thacker no *American Journal of Epidemiology*.

Pontuações ruins

Os algoritmos de pontuação de crédito comercial são apresentados de várias formas, tal como exposto no significativo artigo *Statistical Classification Methods in Consumer Credit Scoring: A Review* (*Métodos de Classificação Estatística de Pontuação de Crédito ao Consumidor: Uma Análise Crítica*), publicado no *Journal of the Royal Statistical Society: Series A*, por David Hand, estatístico da Escola Imperial de Londres. O cerne dos modelos de pontuação de crédito é guardado como segredo comercial. A FICO, antes Fair Isaac Corporation, criou as pontuações de crédito de mais ampla utilização nos EUA, conhecidas como pontuações FICO. Uma excelente apresentação, denominada *Credit Scoring 101* (*Pontuação de Crédito 101*), criada pela Fair Isaac, pode ser acessada no *site* da Comissão Federal de Comércio (Federal Trade Commission — FTC), www.ftc.gov. Edward Lewis, ex-executivo da Fair Isaac, escreveu um livro mais técnico, ainda assim fácil de ler, embora ultrapassado, intitulado *An Introduction to Credit Scoring* (*Introdução à Pontuação de Crédito*). Bruce Hoadley, também com a Fair Isaac, examinou inovações técnicas mais recentes, incluindo alguns problemas práticos, no periódico *Statistical Science*, comentando sobre um importante artigo de Leo Breiman, *Statistical Modeling: The Two Cultures* (*Modelagem Estatística: As Duas Culturas*). Se desejar obter um panorama simplificado, mas de um modo geral preciso, das técnicas de mineração de dados empregadas no mercado, consulte *Mastering Data Mining* (*Dominando a Mineração de Dados*), de Michel Berry e Gordon Linoff.

O algoritmo FICO normalmente é formulado como cartão de pontuação, do mesmo modo que no livro de Lewis, ou equações matemáticas, como no artigo de Hoadley. Adotei a forma mais simples, das regras **se-então**, que é equivalente, mas mais intuitivo. Na prática, as outras fórmulas são implementadas de maneira mais eficaz. As regras de decisão citadas no Capítulo 2 servem apenas como exemplificação. A regra que utiliza quocientes de dívida foi mencionada no artigo *A Shift in the Mortgage Landscape: The 1990s Move to Automated Credit Evaluations* (*Uma Alteração no Panorama das Hipotecas: A Mudança para as Avaliações Automáticas de Crédito na Década de 1990*), de John Straka, publicado no *Journal of Housing Research*, ao passo que a regra relacionada aos pintores foi extraída do livro de Lewis.

Vários autores investigaram o impacto da pontuação de crédito sobre nossa sociedade; dentre essas iniciativas, recomendo o livro *Paying with Plastic* (*Pagando com Plástico*), de David Evans e Richard Schmalensee, e o relatório da PBS *Credit Scores: What You Should Know About Your Own* (*Pontuações de Crédito: O que Você Deve Saber sobre Si*), de Malgorzata Wozniacka e Snigdha Sen. Embora poucas evidências diretas tenham sido publicadas, pessoas bem informadas do setor são unânimes sobre os enormes benefícios dos modelos de pontuação de crédito e sua rápida penetração em vários setores oferece uma prova indireta. O presidente do Federal Reserve, Alan Greenspan, e o presidente da FTC, Timothy Muris, fizeram esses comentários em diversas conferências e audiências.

Organizações de defesa do consumidor, como o Centro Nacional da Lei do Consumidor, o Centro de Justiça Econômica e a Associação de Consumidores, divulgaram relatórios fundamentais sobre pontuação de crédito. A citação do deputado Steven Wolens foi anunciada por Gary Boulard no *State Legislatures*. Robert Avery, do Federal Reserve, organizou um estudo inovador, publicado no *Federal Reserve Bulletin*, que concluiu que a precisão dos dados dos relatórios de crédito teve um impacto apenas modesto sobre os consumidores. O apuro de James White foi relatado por Kathy Chu no *Wall Street Journal*. O golpe de pegar carona no crédito de terceiros (*piggybacking*) foi detalhado em uma reportagem de J. W. Elphinstone, da Associated Press.

A Claritas, atualmente pertencente à Nielsen, é famosa entre os profissionais de *marketing* por seu esquema de segmentação patenteado PRIZM, que divide os domicílios norte-americanos em 66 segmentos com características demográficas e comportamentais distintas. Em seu livro *The Clustered World* (*O Mundo Agrupado*), Michael Weiss apresentou os perfis dos segmentos de mercado, tal como definido por uma geração mais antiga do PRIZM. As empresas usam esse produto para mudar do *marketing* indiferenciado para o *marketing* segmentado.

A segmentação de clientes normalmente utiliza a análise de agrupamentos, que é uma classe de modelos estatísticos que se baseiam em correlações. O livro de Berry e Linoff mencionado anteriormente, sobre mineração de dados, conta com um capítulo sobre análise de agrupamentos, que eles chamam de **"detecção automática de agrupamento"**.

Banco de itens de teste

A influente referência sobre a análise de funcionamento diferencial dos itens (*differential item functioning* — DIF) continua sendo o livro *Differential Item Functioning (Funcionamento Diferencial dos Itens)*, compilado por Paul Holland e Howard Wainer, que cobre o influente trabalho conduzido pelos estatísticos da Educational Testing Service (ETS) ao longo da década de 1980. A talentosa equipe da ETS publica uma série de relatórios de pesquisa, incluindo vários artigos sobre DIF; dentre eles, *Revising SAT-Verbal Items to Eliminate Differential Item Functioning (Revisando os Itens Verbais do SAT para Eliminar o Funcionamento Diferencial dos Itens)*, de Ed Curley e Alicia Schmitt, do qual extraí o exemplo de itens verbais do SAT. Ed diz esperar novos avanços, visto que a ETS iniciou outro ciclo de pesquisas nessa área. Outros conteúdos de interesse da ETS incluem uma descrição sobre seus procedimentos de avaliação de imparcialidade, uma cartilha sobre a análise de DIF e um resumo estatístico das pontuações do SAT.

Várias técnicas são aceitas atualmente para a análise de DIF: diferenças padronizadas, estatística de Mantel-Haenszel e modelos de resposta ao item. Curley e Schmitt empregaram o método padronizado. Ao aplicá-lo ao estudo de diferença entre grupos de acordo com o gênero, por exemplo, eles computaram a porcentagem correta para os examinandos masculinos como se os homens tivessem a mesma composição de habilidades que as mulheres. Dizem que a diferença entre grupos foi **controlada** pela habilidade. Os dois outros métodos são mais avançados do ponto de vista matemático. Consulte os artigos *Differential Item Performance and the Mantel-Haenszel Procedure (Desempenho Diferencial dos Itens e o Procedimento de Mantel-Haenszel)*, de Paul Holland e Dorothy Thayer, e *Detection of Differencial Item Functioning Using the Parameters of Item Response Models (Detecção do Funcionamento Diferencial dos Itens Usando os Parâmetros dos Modelos de Resposta ao Item)*, de David Thissen, Lynne Steinberg e Howard Wainer.

Quando se identifica que um item é parcial para determinados grupos, o motivo da parcialidade com frequência opõe-se à explicação. A citação e a historieta de Lloyd Bond foram extraídas de sua contribuição para o influente livro de Holland e Wainer. Alguns autores empregam a palavra *tendencioso* em referência aos itens de teste parciais e o termo **tendenciosidade** ou **viés dos itens** em referência a esse campo de estudos. Para os estatísticos, viés (*bias*) significa simplesmente diferença, sem a implicação da intenção negativa; evitei completamente esse termo controverso, preferindo usar **parcial. Funcionamento diferencial dos itens**, um termo técnico longo e complicado, foi cunhado quase que pelo mesmo motivo; ele leva a crer que os itens parciais "funcionam" diferentemente das outras questões do teste.

A análise de DIF exige a classificação dos examinandos com base em sua "habilidade", o que parece ser também o que o SAT pretende avaliar. Portanto, não existe nenhuma fonte externa para essa classificação. Os estatísticos competentes lidam com esse problema utilizando um critério de habilidade interno: a pontuação de um examinando no teste depois de excluir todo e qualquer item parcial. Os críticos acusam que esse critério é inadequado quando o próprio teste não consegue avaliar apropriadamente a habilidade. Essa é uma contestação à validade do teste padronizado de um modo geral, disfarçada como um comentário sobre a análise de DIF. O livro *Methods for Identifying Biased Test Items* (*Métodos de Identificação de Itens de Teste Parciais*), dos especialistas em psicometria Gregory Camilli e Lorrie Shepard, apresenta uma avaliação equilibrada de várias técnicas.

Para examinar pontos de vista contemporâneos sobre o acordo Golden Rule, consulte a edição especial (junho de 1987) do *Measurement Educational*. Nancy Cole, ex-presidente da ETS, reviu as análises de imparcialidade dos testes no artigo *The New Facts of Fairness* (*Os Novos Fatos sobre Imparcialidade*), publicado no *Journal of Educational Measurement*.

Measuring Up (*À Altura*), de Daniel Koretz, é uma extraordinária introdução à psicometria, aplicação da estatística a problemas educacionais. Ele dedicou um capítulo à disparidade de desempenho entre estudantes negros e brancos. Esse fenômeno foi amplamente documentado e profundamente estudado. Linda Darling-Hammond condensou as principais ideias sobre a condição de nosso conhecimento por volta de 2007 na Terceira Conferência Anual de Brown em Pesquisa Educacional, publicada como *The Flat Earth and Education: How America's Commitment to Equity Will Determine Our Future* (*A Terra Plana e a Educação: Como o Compromisso dos EUA com a Equidade Determinará Nosso Futuro*), no *Educational Researcher*. Em seu livro, Koretz também examina evidências sobre se as pontuações do SAT predizem a média geral das notas (*grade point average* — GPA) para a faculdade. Tia O'Brien escreveu sobre os pais do condado de Marin no *San Francisco Cronicle*.

O paradoxo de Simpson frequentemente se revela na prática, e seu aparecimento indica que não é possível ignorar a presença de diferenças entre grupos. No artigo *Sex Bias in Graduate Admissions: Data from Berkeley* (*Discriminação Sexual na Admissão de Estudantes de Pós-Graduação de Berkeley*), P. J. Bickel, E. A. Hammel e J. W. O'Connell oferecem um notável exemplo desse paradoxo estatístico. Howard Wainer analisou vários outros exemplos, como aqueles apresentados no artigo *Two Statistical Paradoxes in the Interpretation of Group Differences* (*Dois Paradoxos Estatísticos na Interpretação de Diferenças entre Grupos*).

Consórcio de compartilhamento de riscos

Para uma introdução geral ao fundamento do seguro, consulte *The Art of Risk Management* (*A Arte de Gerenciar Riscos*), de Christopher Culp, e o Capítulo 5 da edição 2007 de *Economic Report of the President* (*Relatório Econômico do Presidente*). Ambos mencionam as peculiaridades do seguro contra desastres naturais. Para uma fácil introdução à matemática, comece com *The Mathematics of Natural Catastrophes* (*A Matemática das Catástrofes Naturais*), de Gordon Woo, especialista da Risk Management Solutions. O jornalista Peter Gosselin examinou a situação do segmento de seguros contra catástrofes no *Los Angeles Times*. Outras leituras úteis são *Climate Extremes and Society* (*Climas Extremos e Sociedade*), uma compilação de pesquisas recentes; os artigos de Howard Kunreuther e David Crichton, na Wharton School of Business e no Centro de Pesquisa de Riscos Aon Benfield da University College London (UCL, Reino Unido), respectivamente; e a palestra de Henry Keeling, diretor executivo da XL Re, na Conferência sobre Riscos Naturais Aon 2003.

Os jornais da Flórida oferecem relatos excelentes sobre desastres provocados por furacões e uma abrangente cobertura de questões relacionadas a seguro; alguns deles são *St. Petersburg Times*, *Tampa Tribune*, *Palma Beach Post* e *Sarasota Herald-Tribune*. A *Best's Review* analisa as notícias do setor. Bob Hartwig é economista-chefe do Instituto de Informações sobre Seguros, que foi fundado pelo setor de seguros, e suas brilhantes palestras, arquivadas no *site* do instituto (www.iii.org), contêm dados extremamente valiosos. As resseguradoras, que investem pesado em modelagem quantitativa, expressam seus pontos de vista técnicos em seus relatórios publicados. Consulte especialmente os relatórios escritos pela Munich Re (www.munichre.com) ou Swiss Re (www.swissre.com). Ernst Rauch deu sua opinião sobre a precisão dos modelos de tempestade em um relatório da Munich Re. Em 2005, Towers Perrin publicou uma análise exaustiva sobre o impacto do furacão *Katrina* sobre o setor de seguros. O departamento de Regulamentação de Seguros da Flórida encomendou vários relatórios sobre a situação do mercado de seguros.

As estatísticas afetam de inúmeras maneiras o segmento de seguros. Uma das principais preocupações é a previsão a respeito das perdas esperadas, realizadas por empresas de modelagem quantitativa. As principais empresas que oferecem às seguradoras modelos de tempestade incluem a Risk Management Solutions (localizada em Newark, Nova Jérsei), AIR Worldwide (Boston) e EQE International (Oakland, Califórnia). O artigo de fundo *In Nature's Casino* (*No Cassino da Natureza*), de Michael Lewis, publicado na *New York Times Magazine*, continha um atraente perfil dos empreendedores que inventaram o setor de modelagem quantitativa, explicando como a Wall Street se beneficiou ao criar mercados para bônus catástrofe (*cat bonds*), que são apostas arriscadas de que não ocorrerão desastres naturais durante períodos específicos. Os bônus catástrofe formam uma classe exclusiva de ativos financeiros que não apresentam quase nenhuma correlação com outras áreas. A precisão dos modelos de catástrofe foi contestada, mas seu impacto sobre o setor é inequívoco. Chris Mooney transmitiu bem esse conteúdo em seu livro *Storm World* (*Mundo das Tempestades*), particularmente a controvérsia sobre se as mudanças climáticas estão provocando um aumento rápido na intensidade ou frequência dos furacões.

O renomado investidor Warren Buffett administra uma série de empresas sob a égide da Berkshire Hathaway, e seu sábio conselho sobre como manter o equilíbrio financeiro é distribuído em todas as cartas do presidente aos acionistas. Em seus textos e comentários públicos, Buffett também chama a atenção para o crescimento dos derivativos financeiros e a complexidade do entrelaçamento de contratos de resseguro.

Nos últimos anos, as seguradoras ganharam grande conhecimento e experiência para diferenciar bens de alto e baixo risco. Embora a distância em relação ao litoral seja um claro determinante de uma possível exposição, os atuários também levam em conta outros fatores — por exemplo, se os clientes tomaram medidas atenuadoras e se os imóveis ajustam-se aos códigos de construção mais recentes. Kunreuther, especialista em seguros da Wharton School of Business, defende que o setor deve evoluir no sentido de adotar essa fixação de preços com base no risco.

As citações de J. Patrick Rooney foram extraídas de Lorraine Woellert (na *Business Week*) e J. K. Wall (no *Indianapolis Business Journal*).

Laços mágicos

Grande parte das informações sobre a ciência dos polígrafos, incluindo a avaliação científica dessa tecnologia, é extraída do estudo *The Polygraph and Lie Detection* (*O Polígrafo e a Detecção de Mentiras*), realizado em 2002 pela Academia Nacional de Ciência (National Academy of Sciences — NAS), uma síntese confiável das melhores pesquisas existentes; e de artigos de Stephen Fienberg, professor de estatística da Universidade Carnegie Mellon e diretor técnico do estudo da NAS. Essas fontes contêm muito mais informações sobre dilemas matemáticos e introduzem as *curvas ROC*,** uma maneira diferente de apresentar os números e a ênfase de muitas das pesquisas atuais. Em uma série de artigos no *British Medical Journal*, Douglas Altman e colegas introduziram de modo sucinto os principais problemas estatísticos nos testes diagnósticos, como sensibilidade e especificidade, porcentagem de falsos-positivos e falsos-negativos e curvas ROC. Tanto os defensores quanto os oponentes do polígrafo se expressam ruidosamente: as associações de polígrafo nacionais e locais mantêm *sites*, ao passo que os oponentes se encontram no AntiPolygraph.org. Existe um estudo anterior sobre polígrafos (1983), organizado pelo Escritório de Avaliação Tecnológica do Congresso americano.

A atual obsessão por sistemas de *date warehouses* (armazéns de dados) e de mineração de dados em prol da segurança nacional com certeza esmorecerá, visto que a ciência estatística de previsão de acontecimentos raros não consegue oferecer um nível de precisão adequado para lidar com os pesados custos dos erros tanto falsos-positivos quanto falsos-negativos. Ser melhor do que a probabilidade seguramente não é suficiente. Os textos de Bruce Schneier — como aqueles publicados nas revistas *Forbes* e *Wired* — são raros na mídia prevalecente por captar com lucidez esses problemas técnicos. Craig Norris, diretor executivo da Attensity, foi citado no artigo *Wholesale's Snooping* (*Espionagem do Atacado*), das jornalistas Elise Ackerman e K. Oanh Ha, do *San Jose Mercury News*. O livro de Michael Berry e Gordon Linoff, *Mastering Data Mining*, oferece uma introdução competente aos conceitos básicos de mineração de dados. Na Universidade de Stanford, a respeitável equipe de pesquisa composta por Trevor Hastie, Robert Tibshirani e Jerome Friedman dá um tratamento de nível de pós-graduação a esses tópicos em *The Elements of Statistical Learning* (*Os Elementos da Aprendizagem Estatística*).

O trágico caso de Jeff Deskovic realça o custo humano dos erros falsos-positivos na vida real. A promotora pública do condado de Westchester, Janet

---

** ROC: *receiver operating characteristic* (característica operacional de recepção). (N. da T.)

DiFiore, tomou a decisão fatídica de rever o caso de Deskovic, e seu gabinete divulgou a explicação oficial sobre o caso. O *The New York Times* publicou na sequência duas matérias comoventes, permitindo-nos ver de relance como Deskovic lutou para pôr sua vida novamente nos trilhos depois que foi inocentado. Atualmente, Deskovic é ativista e palestrante motivacional e escreve uma coluna no jornal *Westchester Guardian*. O importante trabalho do Innocence Project, que acompanhou o caso de Deskovic e também de centenas de outras condenações injustas, evidencia a realidade de que a perfeição é uma ilusão, mesmo que nossa filosofia de justiça criminal tolere alguns falsos-negativos a fim de diminuir os falsos-positivos, do mesmo modo que os programas *antidoping* fazem. O professor Saul Kassin escreveu extensamente sobre as confissões falsas e o quanto elas afetam as condenações. Consulte, por exemplo, *False Confessions: Causes, Consequences, and Implications for Reform* (Confissões Falsas: Causas, Consequências e Implicações para a Reforma) e *Confession Evidence: Commonsense Myths and Misconceptions* (Prova por Confissão: Mitos e Concepções Errôneas do Senso Comum).

O jornalista Bill Dedman, do MSNBC.com, deu o furo de reportagem sobre o PCASS em abril de 2008. O artigo original, bem como as matérias subsequentes, inclusive o memorando de David Thompson da Camp Cropper, cujo sigilo foi quebrado, podem ser encontrados no *site* MSNBC.com. Surpreendentemente, alguns outros meios de comunicação cobriram a matéria. O relatório técnico dos cientistas John Harris e Allan McQuarrie, da Universidade Johns Hopkins, intitulado *The Preliminary Credibility Assessment System Embedded Algorithm Description and Validation Results* (Descrição do Algoritmo Incorporado e Resultados de Validação do Sistema Preliminar de Avaliação de Credibilidade), contém mais informações detalhadas sobre o PCASS, como de que forma as taxas de erro foram ajustadas. O caso de Wen Ho Lee foi criteriosamente examinado por Matthew Purdy para o *New York Times* e no Apêndice C do relatório de 2002 da NAS mencionado anteriormente. Um caso semelhante envolvendo outro cientista, dr. Thomas Butler, foi divulgado em profundidade pelo jornal *Cleveland Plain Dealer* em abril de 2006.

Examinadores intimidados

Empreguei a palavra **esteroides** em referência aos anabolizantes em geral (drogas para aumentar o desempenho); a rigor, os esteroides formam uma classe de anabolizantes. O livro *Drugs in Sport* (Drogas no Esporte), de David Mottram, apresenta uma profusão de informações sobre a utilização de anabolizantes nos esportes. Robert Saunders, em seu *blog Flies and Bikes* (www.robertsaunders.org.uk), e Bruce Lynn, na palestra *Blood Doping, Erythropoietin, and Altitude Trai-*

ning (*Doping Sanguíneo, Eritropoietina e Treinamento em Altitude*), falaram sobre o exame de hematócrito e o teste por focalização isoelétrica. A Agência Mundial Antidoping (World Anti-Doping Agency — Wada) cuida da especificação técnica do teste de eritropoietina (EPO), originalmente desenvolvido por Don Caitlin, que dirige um dos mais renomados laboratórios *antidoping* do mundo, na Califórnia.

A análise estatística do teste de esteroide segue a abordagem de livro-texto que utiliza probabilidades condicionais e a famosa regra de Bayes, assunto encontrado em todos os livros sobre probabilidade e estatística. O método convencional enfatiza a probabilidade de erro químico falso-positivo na amostra "A"; consulte, por exemplo, a opinião de Donald Berry, publicada na *Nature*, sobre o caso de Floyd Landis. Acho que o público se preocupa com o falso-positivo **popular** — e não com o químico. Com "popular" me refiro ao atleta "inocente" erroneamente acusado de *doping*. Isso não é a mesma coisa que um falso-positivo "químico", que é uma amostra limpa de sangue ou urina que o laboratório de análises marca erroneamente como positivo. Para se considerar que uma amostra "A" positiva provoca um falso-positivo popular, a amostra "B" também deve exibir uma substância química anômala, as amostras devem ser submetidas a outros testes laboratoriais mais sofisticados, o processo deve atender a critérios de controle de qualidade, o resultado precisa impugnar a ousada defesa dos atletas e advogados e os juízes devem reconhecer a fraude como a causa do teste positivo. Em virtude dessas defesas inerentes, a probabilidade de um falso-positivo popular pode ser insignificante, mesmo quando a taxa de um falso-positivo químico na amostra "A" não for.

Pelo fato de as taxas de erro de vários procedimentos de detecção de esteroide não serem conhecidas pelo público, as análises dos livros-textos fazem suposições sobre a precisão, normalmente acima de 90%, o que então gera taxas de positivos infundadas (a soma dos positivos verdadeiros e dos falsos-positivos) no intervalo de 10% a 20%. Essas taxas de resultados de testes positivos contradizem os registros oficiais em eventos esportivos recentes. Por exemplo, Nicolas Brulliard, do *The Wall Street Journal*, divulgou que 0,7% dos exames realizados na Olimpíada de Atenas em 2004 foram positivos; Juliet Macur, do *The New York Times*, afirmou que 2% dos exames conduzidos pela Wada em 2005 foram positivos; e de acordo com Simon Turnbull, do jornal *The Independent*, 0,2% dos exames realizados na Olimpíada de Pequim em 2008 foram positivos. Observe que essas porcentagens estabelecem um teto para o número provável de falsos-positivos, visto que um falso-positivo é, antes de tudo, um positivo. Os especialistas não têm nenhuma ilusão quanto ao problema dos falsos-negativos: o Dr. Charles Yesalis escreveu sobre isso no artigo *The Strengths and Frailties of*

Drug Tests (*Os Pontos Fortes e as Fragilidades dos Exames Antidoping*), publicado no *The New York Times*, e o comentário do dr. Rasmus Damsgaard sobre amostras positivas não detectadas foi mencionado na reportagem de Matt McGrath na BBC News.

Quase todas as contestações contra resultados positivos nos exames de detecção de esteroides em efeito confirmam o resultado positivo para a substância química. Portanto, o motivo real da discórdia diz respeito à possibilidade de causas concorrentes explicarem o resultado positivo, contrapondo a fraude a vitaminas e bebidas adulteradas e assim por diante. Essa última questão ultrapassa o âmbito da ciência e recai sobre o campo de detecção de mentiras.

Ao obter isenção de uso terapêutico (IUT) antes da competição, o atleta tem autorização legal para utilizar determinados medicamentos da lista de substâncias proibidas, como os esteroides anabolizantes e os corticosteroides. Uma reportagem revelou que 60% dos 105 ciclistas no *Tour de France* de 2006 receberam IUT de algum tipo. Mais de 100 jogadores da Major League Baseball receberam IUTs para transtorno do déficit de atenção, de acordo com o encarregado pelos exames de detecção de esteroides. A maioria dos nadadores olímpicos asmáticos obteve IUTs para utilizar determinados esteroides e até metade dos nadadores de elite sofre de asma, em comparação aos 5% da população em geral, de acordo com a análise de Carrie Dahlberg, do jornal *The Sacramento Bee*.

O *blog* Steroid Nation, escrito pelo dr. Gary Gaffney, é incomparável no que se refere à sua oportuna cobertura e aos comentários reveladores sobre a utilização de esteroides nos esportes. O comentário de Mike Lowell a respeito do exame de hormônio do crescimento humano (HCH) foi divulgado pelo *Boston Globe*. *Game of Shadows* (*Jogo das Sombras*), influente livro dos jornalistas Mark Fainaru-Wada e Lance Williams, do *San Francisco Chronicle*, oferece um olhar instigante sobre os bastidores da investigação do laboratório BALCO, revelando várias histórias entrelaçadas de disputa, ganância, ciúme, suspeita, tentação, pressão de grupo, consenso acrítico, honra, desonestidade e moralidade. Ele mudará sua visão sobre os atletas de elite. Esses dois jornalistas investigativos merecem ser aplaudidos pela forma admirável com que narram esse livro, que acompanha uma série de reportagens sobre escândalos no jornal da cidade em eles que moram. Os livros de Jose Canseco, *Juiced* (*Intoxicado*) e *Vindicated* (*Vindicado*), são excêntricos e polêmicos, mas também intelectualmente instigantes e extremamente hilariantes. Canseco acredita que o uso controlado de esteroides é bom para os esportes e bom para os indivíduos. Em um capítulo importante de *Vindicated*, ele inclui a transcrição de dois exames de polígrafo que "provam" que eles revelam a verdade. O relatório Mitchell, publicado *on-line*, apontou o nome de mais de 80 jogadores de beisebol. O depoimento de Mark McGwire,

Rafael Palmeiro e Jose Canseco ao Congresso foi amplamente divulgado e pode ser rapidamente acessado *on-line*. Eles não jogam mais na Major League Baseball. O *New York Daily News* foi o primeiro a divulgar a relação comercial de Rick Ankiel com uma farmácia da Flórida.

Os leitores devem examinar a página 173 de *Marion Jones: Life in the Fast Lane* (*Marion Jones: Uma Vida a Mil*), para ver sua destemida e veemente declaração de inocência anos antes de finalmente admitir ter usado *doping*. Foi Sue Mott quem fez comentários perspicazes sobre o falso-negativo no *Daily Telegraph*, o mesmo jornal que publicou o comentário de Michael Johnson. Marion Jones aposentou-se das pistas e das quadras. Seu técnico, Trevor Graham, enfrentou um julgamento por falso testemunho em 2008 e, posteriormente, foi expulso para sempre das pistas e das quadras. Steve Riddick, outro ex-técnico, foi condenado em 2006 por sua atuação em um esquema de lavagem de dinheiro envolvendo tanto Jones quanto Tim Montgomery. Kelli White foi suspensa por dois anos e aposentou-se das pistas; uma das poucas a admitir seu erro e a se desculpar, mais tarde White tirou o MBA e continua a conscientizar a nova geração contra o *doping*.

A Wikipédia apresenta um interessante resumo sobre os vários escândalos de *doping* do *Tour de France*, bem como a lista de ex-campeões desacreditados. Tyler Hamilton foi citado com base em artigos do *Boston Globe* e *Aspen Times* e em seu próprio comunicado à imprensa. Os árbitros não aceitam sua teoria sobre síndrome de gêmeo desaparecido; depois de cumprir dois anos de expulsão, ele voltou ao ciclismo em novembro de 2006, mas foi suspenso novamente em maio de 2007, pois seu nome apareceu no escândalo de *doping* Operación Puerto. Em 2009, depois de ser reprovado em outro exame de *doping*, Hamilton recebeu uma suspensão de oito anos, o que efetivamente pôs fim à sua carreira. Samuel Abt contou a história de Bjarne Riis no *International Herald Tribune*. Mark Hedden narrou a impressionante vitória de Riis no KeysNews.com.

Dick Pound personifica o examinador entusiasta que remexe em todas as pedras para desentocar os usuários de *doping*. Ex-presidente da Wada e ex-nadador olímpico, Pound é a personalidade exuberante do movimento *antidoping*, e seus livros incluem *Inside the Olympics* (*No Interior dos Jogos Olímpicos*) e *Inside Dope* (*No Interior do Doping*). Travis Tygart, diretor executivo da Agência Americana Antidoping, fez um brilhante comentário sobre os desmentidos dos atletas em uma entrevista a Ferren Christou no *Daily Peloton*. Os atletas acusados ofereceram tantas desculpas ou explicações sobre os testes positivos que elas foram reunidas e organizadas em um teste *on-line*, em www.sometests.com.

Acidentes aéreos

O programa de pesquisa de Arnold Barnett, no Instituto de Tecnologia de Massachusetts (Massachusetts Institute of Technlogy – MIT), é a fonte mais confiável sobre segurança de voo. Todo o trabalho do programa é empírico, desenvolvido com base em dados históricos sobre voos, e acessível. Seu modelo predileto é o teste estatístico. Consulte as várias publicações de Barnett para obter uma análise sobre empresas de transporte aéreo dos países em desenvolvimento, a USAir, empresas de transporte aéreo regionais, linhas aéreas com desconto, ponte aérea e várias outras questões correlatas. Foi durante a Blackett Memorial Lecture, em 2001, que Barnett levantou a polêmica questão sobre o medo de voar enquanto transtorno de personalidade.

Segundo estimativa da equipe de Barnett, o risco de fatalidade em 1987 e 1996 foi de 1 para 700.000 nos voos "entre mundos", tanto em relação às empresas de transporte aéreo dos países desenvolvidos quanto em suas equivalentes nos países em desenvolvimento. Imagine uma passageira que escolhe aleatoriamente dentre todos os voos diretos regulares que satisfazem suas necessidades; o risco de fatalidade avalia a probabilidade de ela morrer no voo escolhido aleatoriamente. Além disso, se ela tivesse de pegar um voo todos os dias, escolhido de modo aleatório, levaria 1.900 anos para que corresse o risco de morrer em um acidente aéreo. Esse cálculo considera a probabilidade do acidente, além da porcentagem de passageiros que poderiam sobreviver. O que eu chamei de "mundo desenvolvido" Barnett rotulou de "Primeiro Mundo".

Como todos os desastres, a tragédia da EgyptAir recebeu uma enorme cobertura da mídia, inclusive do *The New York Times*, *Boston Globe* e *Newsday*. Frank Ahrens usou uma versão da tabela do "Corredor Conspirativo" no *Washington Post*. John Tierney, do *The New York Times*, citou o estudo das matérias de primeira página em seu jornal. Arnold Barnett também conduziu um estudo. O psicólogo Barry Glassner examinou minuciosamente o medo de voar no *The Wall Street Journal* e no Capítulo 8 de seu livro *The Culture of Fear* (*Cultura do Medo*). A citação do piloto anônimo foi extraída do primeiro. A Gallup Poll de vez em quando divulga informações sobre a popularidade das loterias e o medo de voar.

Boladas da sorte

A Canadian Broadcasting Corporation deu o furo da fraude cometida pela loteria Encore em outubro de 2006. A gravação de áudio do programa da CBC, intitulado *Luck of the Draw* (*Questão de Sorte*), está disponível em seu *site*, onde também é possível acessar a análise de Jeffrey Rosenthal. A citação da Associação de Lojas de Conveniência de Ontário foi divulgada por Ian Robertson no *Toronto Sun*. A CBS News deu ampla cobertura às numerosas investigações; mais especificamente, Timothy Sawa ofereceu um competente resumo da situação no oeste do Canadá.

Os estatísticos não são grandes esbanjadores nos cassinos, mas as loterias e outros jogos de azar, esportes de grande apelo popular, são paradoxalmente seus favoritos. Eles estudaram de tudo, desde a escolha dos melhores números ao cálculo sobre se os números escolhidos são realmente aleatórios. O estatístico John Haigh produziu um excelente resumo dessa pesquisa em *Taking Chances*, enquanto William Poundstone, em *Fortune's Formula*, investigou a sorte de uma estratégia de jogo específica, conhecida como fórmula de Kelly.

Probabilidades e conceitos afins

Os termos **probabilidade, possibilidade** e **chance** são empregados intercambiavelmente em meu livro, de acordo com o emprego popular, mas no vocabulário técnico existem definições específicas e diferentes. A Agência do Censo dos EUA define o dia médio para o seu Levantamento sobre o Uso do Tempo entre os Norte-Americanos. O Digg é um *site* (http://digg.com) que classifica os artigos *on-line* pelo número de respostas positivas (*diggs*) submetidas pelos leitores da Internet. Sua página principal é continuamente atualizada com *links* para os artigos com classificação mais alta.

Índice

A

Acidentes aéreos 121–130, 128–133, 134–135
    empresas de transporte aéreo nos países em desenvolvimento e 132–133, 151, 157
    medo de voar e 121, 124, 125, 129, 130
    opção de companhia aérea doméstica e 131
    probabilidade de morrer em 121, 126, 130
    teoria do "triângulo das Bermudas" de Nantucket 124, 125, 129–130

Afro-americanos. *Consulte também* Grupos raciais/minoritários

Agência Mundial Antidoping (Wada) 86, 99, 144

Altman, Douglas 154

Análise do funcionamento diferencial dos itens (DIF) 67, 69–74, 150, 158–159

Análise pré-pós 140–141

Ankiel, Rick 89

Anrig, Greg 67, 69

Ariely, Dan 139

Ataques terroristas de 11 de setembro 2, 116, 119, 130

B

Baillie, John 36
BALCO 85, 88, 89, 92, 93, 94, 103
Barnett, Arnold 125, 126, 129–134, 134, 151, 157
Bendeck, Yvette 4
Besser, John 37
Birnbaum, Birny 48
Bond, Lloyd 57, 64, 68
Bonds, Barry 88, 94
Box, George 54, 140, 144
Buffett, Warren 78, 80
Bush, George W. 89

C

Cambridge Systematics 10, 19, 20
Canseco, Jose 85, 89, 101–103, 104, 114
Cartões de crédito 41, 42, 43, 47, 52
Causa-efeito 36, 39, 48–50, 54–56, 144–148
    e pontuação de crédito 48–50, 144–147
    modelos estatísticos e 54–56, 144–145
    nove pontos de vista de Hill 39
Chadwick, *sir* Edwin 32
Chambers, Dwain 93
Chapin, Charles 32
"Cisne-negro" 141
Citizens Property Insurance Corporation 82, 151
Claritas 41
Clemens, Roger 103
Collins, Michelle 93

Comportamento de voto 149
Confiabilidade 9, 11, 12–13, 16
Confissões falsas 111–113
Confusão 159
Consórcio de compartilhamento de riscos 77–78, 80–84, 149, 151
Contaminação do espinafre 24–25, 30–31, 32–39, 146, 148, 153–154. Consulte também Surto de E. coli
Conte, Victor 93, 103
Controle de acesso 11–13, 14, 16–17, 17–21, 139, 140–141, 159–160
Correa, Angela 105–108, 110
Correlação entre tabagismo e câncer de pulmão 39, 54–56, 153
Correlação versus causalidade 26–27, 49–50, 54, 144–145, 146, 146–147
Cultura do Medo (Glassner) 125
Curley, Edward 69, 71, 72
Custos assimétricos 85–119, 154–157. Consulte também Mineração de dados; Exames toxicológicos; Exames de polígrafo
Cutler, Marc 20

D

Damsgaard, Rasmus 96, 144
Davis, Jeffrey 28, 31
Day, Dick 17, 19, 140, 159
Departamento de Transportes de Minnesota 11, 13, 18, 140
Deskovic, Jeffrey 106, 110–113, 113, 115
De Veaux, Richard D. 154, 157
DeWaal, Caroline Smith 34
Diferenças entre grupos 57–84, 149–154. Consulte também Acidentes aéreos; Estudos de caso-controle; Seguro contra furacões; Imparcialidade dos itens de test
DiFiore, Janet 110
Disney's Imagineering, divisão 7, 138–139
Doll, Sir Richard 153
Downs, Anthony 11

Drogas para aumentar o desempenho (anabolizantes) 85–86, 88–103, 114–115, 141–144, 154–155

E

Earl Isaac 43
Edmonds, Bob 127–129
Educational Testing Service (ETS) 58, 59, 61, 64, 66–67, 68–69, 73, 150, 159
Epidemia de cólera 31–32, 35
Epidemiologia 24–25, 27–42, 53–56, 144, 153–154. Consulte também Surto de E. coli
    desafios à 40
    foco de contaminação 31–32
    limitações da estatística na 37
    redes de compartilhamento de informações em 37–38, 146
Escolha aleatória 150
Especificidade 154
Estratificação 82, 150, 153
Estudos de caso-controle 38–39, 146, 153–154
    controles comparáveis em 38
    diferenças entre grupos e 38, 153–154
    invenção de 39
Exame de hematócrito e abuso de EPO 98–99
Exames de polígrafo 100–117, 147, 160. Consulte também Falsos-negativos; falsos-positivos
    características e função do examinador 100–101
    confissões induzidas por 105, 106–107, 111–113, 114
    controle da segurança nacional 105, 107–109, 112–115, 154–155
    medidas defensivas 101, 108
    o sistema jurídico nos 104–105
    principais problemas com 114–115
Exames toxicológicos 85–86, 87–101, 114–115, 141–144, 154–155, 160. Consulte também Falsos-negativos; Falsos-positivos

contestação do polígrafo aos 101–103
polígrafos comparados com 107–108, 112
problema do examinador intimidado 97–98, 99, 142–143, 154
táticas usadas para enganar 96–97

F
Fair, Bill 43
Fallows, James 1–2, 3
Falsos-negativos 154–156
   dilema dos falsos-positivos com 87, 98, 100–101, 107–108, 113, 116, 154, 157
   na mineração de dados 117
   nas pontuações de crédito 156–157
   nos exames toxicológicos 91, 94–97, 99, 113, 114, 144, 154–155
   nos polígrafos 87, 107–108, 112, 116
Falsos-positivos 154–156
   controle da segurança nacional 86–87
   dilemas dos falsos-negativos com 87–88, 98, 100–101, 107–108, 113, 154, 157
FastPass 15, 21, 139
   na mineração de dados 117–120
   nas pontuações de crédito 156–157
   nos exames toxicológicos 86, 87, 89–91, 93–94, 94, 98, 99, 100, 113, 141, 142, 144
   nos polígrafos 107–108, 109–110, 111, 112, 113–114, 154–155
Fehr, Donal 89
FICO 42, 42–43, 45, 46, 52, 55
Fienberg, Stephen 107, 109, 114
Fisher, Sir Ronald 54–56, 158
Flynt, Larry 103
FoodNet 37, 38
Foti, Jim 9, 13
Freakonomics (Levitt e Dubner) 155

G
Game of Shadow (Fainaru-Wada e Williams) 85
Garcia, Norma 48
"Gastar sola de sapato" (shoe leather) 147, 148
Gatlin, Justin 100
Gelman, Andrew 149
Giambi, Jason 89, 101
Gingrich, Newt 57
Glassner, Barry 125
Golden Rule, acordo 58, 59, 61, 66–67, 68, 73, 82, 149–150
Gonzalez, Juan 101
Graham, Trevor 88, 92
Greenspan, Alan 26, 48
Grogan, John 102–103
Grupos raciais/minoritários
   imparcialidade nos testes e 58, 59, 63, 65–74, 84, 148–150, 159
   pontuações de crédito e 47, 48–49

H
Hamilton, Tyler 90, 92, 94, 95, 97, 100
Harrison, Calvin e Alvin 93
Hartwig, Bob 57, 80
Hill, Sir Bradford 39, 54–56, 153
"Homem médio", conceito 2, 4, 21
Hunter, Bill 140
Hunter, Stuart 140

I
Imparcialidade dos itens de teste 58–74, 82, 84, 148–150, 153, 158–159. Consulte também SAT
Improving Almost Everything (Box) 144
Incentivos 155
Índice de massa corporal (IMC; índice de Quételet) 3, 4
Innocence Project 110, 111, 113

J
Jacobs, Regina 93
Johnson, Ben 89, 96, 100
Johnson, Michael 96
Jones, Chancey 64
Jones, Marion 92–95, 96, 103, 114
Joyner, Molly 28

Juiced (Canseco) 85, 89, 101
Junk Charts, blog 161

K
Kahneman, Daniel 137, 139
Kassin, Saul 111
Kederis, Konstantinos 97
Keene, Bill 28, 30, 38
Korda, Petr 100
Koretz, Daniel 66

L
Landis, Floyd 97
Lands, Floyd 100
Langmuir, Alexander 32
LaPlante, Phyllis 158
Larson, Dick ("Dr. Queue", observador de filas) 17, 21
Lau, Rich 19
Laval, Bruce 15
Lee, Wen Ho 113
Lei de Proteção contra a Utilização de Polígrafo em funcionários 104
Lei de Relatório de Crédito Justo 49
Lei de Transações de Crédito Justas e Precisas 51–52
Lewis, Carl 100
Lewis, Michael 8, 78
Loterias 121–122, 159
   porcentagem de americanos que jogam 121
   prêmios ganhos por revendedores lotéricos 126–129, 133–135, 156, 158
   probabilidade de ganhar 121, 126
Lowell, Mike 86, 87, 89, 91, 96, 100, 110
Lund, Zach 100

M
Madoff, Bernie 138
Major League Baseball (MLB) 8, 88–90, 96–97, 100, 101–103
Margem de erro 154

Marston, William 100, 104
Martinez, David 100
McGuinty, Dalton 128
McGwire, Mark 85, 88–89, 96, 101
Measuring Up (Koretz) 66
Médias 1–21, 138–144. *Consulte também* Tempo de viagem para o trabalho; Tempo de espera na fila da Walt Disney World
Mineração de dados 116–119, 147
"Minnesota Merge" 13
Mitchell, George 89, 103
Modelos estatísticos 23–56. *Consulte também* Causa-efeito; Pontuações de crédito; Epidemiologia
   a virtude de estar errado 40, 54, 144, 146
   conjecturas nos 23, 26–27, 27–28, 37–38, 40, 42–43, 144–148, 145
   definição 53
   de perdas provocadas por tempestade 78–79, 83
Moneyball (Lewis) 8
Munich Re 78
Muris, Tim 26, 41–42

N
Nightingale, Florence 3
Norris, Craig 85, 116, 118

O
Obama, Barack 2, 103
O'Malley, T. V. 105
OutbreakNet 37

P
Palmeiro, Rafael 89, 100, 101
Paradoxo de Simpson 149–150
Pawlenty, Tim 19
PCASS 105, 107–109, 112–115, 115, 117, 154
   controle versus investigação dirigida 109–110
   popularidade do 103–104

Perrin, Towers   81
Phyllis, LaPlante   126–128
Planejamento de capacidade   7, 11, 12–13
Plantenga, Melissa   30, 37, 38, 153
Poe Financial Group (Bill Poe)   74–77, 80, 81–82, 141, 151
Pontuações de crédito   24, 40–56, 144–146, 156–157, 160
   critérios usados nas   43–46
   críticas às   48–53
   descrição e propósito das   41–42
   nível de corte em   45
   nível de utilização das   26–27
   pegar carona nas *(piggybacking)*   52
   tomada de decisão sobre crédito antes das   42–44
   vantagens das   46–48
Predictably Irrational (Ariely)   139
Previsão de fenômenos raros   110
Probabilidades condicionais   155
Probabilidades, improváveis   121–135, 157–160. *Consulte também* Acidentes aéreos; loterias
Projeto Manhattan   8
PulseNet   28, 37

Q

Quételet, Adolphe   2, 4
Quindecilhão   121, 127, 157

R

Raciocínio estatístico   2, 37–38
   exemplos de   137–160
   raciocínio comum comparado com o   137
Rauch, Ernst   78
Red State, Blue State, Rich State, Poor State (Gelman)   149
Regra de Bayes   155
Riddick, Steve   93
Riis, Bjarne   92, 94, 98
Risco moral   83
Risk Management Solutions   78
Rodriguez, Alex   102
Rodriguez, Ivan   101
Rolfs, Robert   33
Rooney, J. Patrick   57, 65–67, 73, 74
Rosenthal, Jeffrey   126, 128, 132, 133, 134, 156, 158
Rowling, J. K.   103

S

SAT   58, 59–74, 130, 148–150
   elaboração do   64–65
   itens de exemplo   62–63, 67, 69–72
   pontuações médias   66
   seção experimental   60–61, 69, 73, 159
Schmitt, Alicia   69, 71, 72
Schneier, Bruce   117
Seguro contra furacões   74–84, 141–142
   ajustes do mercado   76–77, 81–82, 84
   consórcio de compartilhamento de riscos   77–78, 80–84, 148, 151
   fixação com a previsão de ocorrência tempestade a cada 100 anos   79
   papel governamental   75–76, 77, 81–83, 84, 142
Seguros
   automóveis   77–78, 141
   furacões. *(Consulte* Seguro contra furacões)
   pontuações de crédito e   47, 47–48, 48–49, 49
Sensibilidade   154
Serviço de Inteligência Epidemiológica (EIS)   32, 33
Significado estatístico   158
Simulação   8
Sinclair, Larry   103
Skilling, Jeff   103
Smith, Michelle   97
Snow, John   31–32, 35
Soboleva, Yelena   97
Sosa, Sammy   88
Statistics for Experimenters (Box, Hunter e Hunter)   140
Stats: Data and Models (De Veaux)   154, 157
Still Stuck in Traffic (Downs)   11

Surto de *E. coli*   24–25, 27–31, 32–39, 146, 148, 153–154
  alimentos relacionados com   35–36
  foco de contaminação descoberta   33–34
  impacto econômico do   34–35
  investigação da causa   27–30

T

Taleb, Nassim   141
Taxa de crescimento anual composta   138–139
Tempo de espera na fila da Walt Disney World   4, 4–7, 8, 14–18, 19, 21, 139, 160
  FastPass e   15–17, 21, 139
  gestão da percepção e   14–17, 20–21, 139
  roteiros de visitação e   4–5, 146–147
  táticas para encurtar   15–16
Tempo de viagem de trabalho   4, 7–20
  controle de acesso e   11–13, 14, 16, 17–21, 139, 140–141, 158–159
  paradoxo do congestionamento na via expressa e   11–12
Teoria da decisão   155
Teoria das filas   139
Terroristas, identificando   116–119, 147, 154
Testa, Len   4, 146–147, 160
Teste de hipóteses   154, 157. *Consulte também* Teste estatístico
Teste estatístico   125, 126, 128–129, 132, 134–135, 157
Thompson, Davi   109
Thompson, David   86, 87
Thun, Michael   23

"Tripla convergência", princípio da   11
Tversky, Amos   137
Tygart, Travis   91, 98

U

Universidade da Califórnia, Berkeley   12–13
Universidade Johns Hopkins   87, 108, 112, 114

V

Valor P   158
Variabilidade   138–139
  exames toxicológicos e   141–144
  seguro contra furacões e   141
  tempo de espera na fila da Disney World e   7, 7–10, 12–13, 16–17
  tempo de viagem de casa para o trabalho e   7–10, 12, 12–13, 21
Vindicated (Canseco)   102
Vitter, David   104

W

Wallace, Mike   103
Waller, Edward   4
White, Kelli   93, 97
Wolens, Steven   23, 26, 53
Wu, Chi Chi   48

Y

Yesalis, Charles   96